美国房地产开发设计手册系列

密度设计
——住宅开发新趋势

（原书第二版）

[美] 史蒂文·法代　编著
张蕾　林杰文　译
北京城市节奏科技发展有限公司　中文版策划

Density by Design: New Directions in Residential Development

知识产权出版社
www.cnipr.com
中国水利水电出版社
www.waterpub.com.cn

内容提要

本书用14个成功的住区规划实践案例为当前住区开发中面临的问题提供了解决办法。这些办法能够使住区开发既可以满足市场的需求，又可创造出高品质的生活质量和邻里感受。书中实例展现了最新的设计理念：新城市主义开发、以公共交通为导向的开发、适于混合收入阶层的混合用途住宅开发、城市填充式开发和适应性用途开发，反映了项目开发中追求场所感的趋势和标准，以及使项目通过政府审批和市场检验的成功经验。

本书可供建筑师、规划师、开发商及建筑院校相关专业师生参考。

选题策划：张宝林　阳　淼　E-mail: z_baolin@263.net; yangsanshui@vip.sina.com

责任编辑：张宝林　阳　淼

版权登记号：01—2001—0926

图书在版编目（CIP）数据

密度设计：住宅开发新趋势：第2版／（美）法代编著；张蕾，林杰文译.—北京：知识产权出版社：中国水利水电出版社，2007.5

（美国房地产开发设计手册系列）

ISBN 978-7-80198-830-0

Ⅰ.密… Ⅱ.①法…②张…③林… Ⅲ.住宅—建筑设计—美国 Ⅳ.TU241

中国版本图书馆CIP数据核字（2007）第049669号

原书名：Density by Design:New Directions in Residential Development

美国房地产开发设计手册系列

密度设计 —— 住宅开发新趋势（原书第二版）

[美]史蒂文·法代　编著

张　蕾　林杰文　译

北京城市节奏科技发展有限公司　中文版策划

知识产权出版社、中国水利水电出版社　出版　发行（北京市海淀区马甸南村1号：电话、传真：010—82000893；北京市西城区三里河路6号：电话：010—68331835　68357319）

北京科水图书销售中心（零售）　电话：(010)88383994、63202643

全国各地新华书店和相关出版物销售网点经销

北京鑫丰华彩印有限公司印刷

889mm × 1194mm　16开　9印张　200千字

2008年1月第1版　2008年1月第1次印刷

定价：90.00元

ISBN 978—7—80198—830—0

T · 026

前 言

这本新版的《密度设计——住宅开发新趋势》较第一版在土地规划和设计方面的阐述有了相当大的提高。主要原因在于对过去10年间呈增长趋势的更高密度的密集型社区的需求的回归。10年前还几乎无人知晓的建筑设计和城市规划运动——新的城市化，如今却似乎在为许多著名的新住宅开发设立标准，并为其制定开发规范。这些标准和规范在史蒂文· 法代（Steven Fader）为本书所写的精彩导言中有具体介绍，所以在此不再赘述，但需要强调一点，即在每一个实例中的这些标准和规范能督促产生并重视社区感，邻里感或城市感，而不是仅重视“项目”或“开发”。

美国传统城市和美国20世纪前30年的城市规划都具备上述品质，这些品质在约翰·诺伦（John Nolen）和许多其他设计师的作品中也得到了体现。20世纪30年代出现并随后得到发展的规范的现代主义运动，不重视具有上述品质的传统，并有效地抹去了对该传统的多年的记忆。当前的运动旨在复兴我们曾经拥有但随后却失去的一种环境规划方式。

今天的美国人似乎认为美国需要复兴的正是社区感，许多人也似乎认为他们和他们的家庭需要的也正是这种社区感。因此，不难看出他们选择在密集型建筑群中居住的原因，这些建筑群令他们想起成长过程中曾居住过的城市，或梦想中居住的城市。本书的大多数实例研究似乎都在努力，希望再一次创造这些环境。

在过去大约30年中，新的城市化运动是由一些杰出的美国青年建筑师发起的。建造建筑密集型社区，而不是建造少数独特、惊人的建筑，如今已经成为建筑业大多数人的当务之急。安德烈斯·杜阿尼（Andres Duany）和伊丽莎白·普莱特－贾伯克（Elizabeth Plater–Zyberk）曾在普林斯顿和耶鲁接受过教育，与开发商罗伯特·戴维斯（Robert Davis）一起首次制定了——或者说是再次发现了——城市规划的原理，他们设计建造的佛罗里达州锡赛德（Seaside），现已成为全美国城市规划人员效仿的原型。锡赛德似乎正是许多人所期待的住宅模式。如今由于建筑过密，打算在那里买房的业主已经为此感到困扰，以致原先在海湾边建造简单的海滨城市的计划严重受到影响。10年前售价大约15万美元的住宅如今售价已达50万美元左右，并且其升值潜能无法估计。现在，杜阿尼和他的许多同事一样，在第一批成功规划的乡村或市郊环境上，建造中心城市和低收入者及中等收入者住宅——它们对其建造者和居住者来说是有意义的。低造价的新城市社区已经取代了诸如克利夫兰的尼赫迈亚（Nehemiah）社区等地方的过分拥挤的内城地区。本书对这方面展望了乐观的前景。书中的许多项目阐释了如何实现大多数中心城市——尽管不可能是所有中心城市——要求的密度，它们实现密度的依据主要在于新的城市化运动。

追溯历史甚至更让人充满希望。第一次世界大战期间，联邦政府采用本书中阐述的设计原理，建造了大量应急的低收入者住宅群：住宅根据当地的特点建造——在佛罗里达是薄脆板和板条式的，而在新英格兰是殖民式的——其坐落的方式与那些和英国花园城市运动相关但却适合美国的生活象征和生活方式的村庄一样。单身家庭住宅，如本书中许多实例所精确细分的一样，是一项卓著的成就，即使是在以惊人的密度从事建造的时候。

康涅狄格州布里奇波特（Bridgeport）的锡赛德公园（Seaside Park），是1918年为布里奇波特各大工厂的最低收入工人建造的。该公园与佛罗里达州的锡赛德一样风景秀丽迷人，迄今仍被其居民所喜爱和维护。正如杜阿尼所说的："我们在美国曾做的这些都是正确的。"本书表明，我们又一次开始从事这些活动。

文森特·斯库利

耶鲁大学斯特林讲座荣誉退休的艺术史教授

目　录

致 谢

《密度设计——住宅开发新趋势》一书的再版要感谢许多人，包括全国许多的建筑师和开发商。在我为此书尝试调查全国住宅设计艺术时，他们提供了自己的作品资料。因为篇幅所限，许多优秀的实例未能涵盖在内。

特别感谢入选本书的工程的设计师、开发商、主办者和出版代理人抽出宝贵的时间协助我，并专为本书绘制了图片。我还要感谢那些阅读部分手稿的人，包括凯瑟琳·奥斯汀(Katherine Austin)、卡森·卢尼(Carson Looney)、比尔·克里格（Bill Kreager)、杰夫·斯佩克（Jeff Speck）和吉姆·温特琳（Jim Wentling)。他们的评论一语中的，提醒我每个关于住宅的问题总有两个方面。此外还要感谢文森特·斯库利（Vincent Scully)，是他耐心地阅读了手稿并为本书作序。

在此我还要感谢ULI。首先感谢迈克尔·贝克（Michael Baker)、戴维·穆尔维荷尔（David Mulvihill)、阿德里安娜·施米茨（Adrienne Schmitz)，他们每人都撰写了本书的一个实例，他们翔实与细心的写作令人敬佩。此外阿德里安娜负责了本书的审稿、校订和协调工作，感谢她大量的工作、充满洞察力的评论和献辞。最后还要感谢盖尔·贝伦斯（Gayle Berens)，他为本书的再版制定了出版规划，并在整个过程中给予我很大的赞扬和鼓励。

史蒂文·法代

绪　论

什么是"密度"？它是否合适？答案当然与文脉有关。每英亩（4046.9m²）4个住宅单元在蒙大拿(Montana)也许已经很密，但在曼哈顿(Manhattan)400个也算不了什么。或者换种方式而言，圣路易斯城（St. Louis）声名狼藉的公共住宅组群帕鲁衣特—伊戈（Pruitt—Igoe）（现已拆除）与纽约著名的居住环境舒适的格林尼治村（Greenwich Village）邻里的密度相仿。作品入选本书的设计师亚历山大·塞德尔（Alexander Seidel）指出，"人们总是担心密度"，但他也总结认为这不是密度本身的问题，而是"密度是否适宜的解决方法"。本书就是一本关于解决方法——如何使密度恰到好处的书。

我们周围存在的问题十分普遍：非再生资源的消耗，城市投资行为的停止及退化，社区的减少，以及能适应变化社会的人口普查的缺乏。作为一个国家，每年要消费大量的土地用于建造新房屋，改造农场、土地和住所，使其成为相距更远的细分地块和社区。而主要问题是城市一直与新投资项目中资本的轻易撤出作斗争。我们现在创造的新社区与引以为豪的老城镇和空间相比，缺乏个性和质量。

这些不是新问题。从20世纪50年代（美国）首次大规模土地划分开始，这种被称为散漫扩展的郊区化已经出现了半个多世纪。同时，作为郊区化陪衬的城市退化也一直持续着。其实对这些问题的批判由来已久，从早期的《散漫扩展的代价》[罗伯特·伯切尔（Robert Bunchell），1974年]、简·雅各布斯（Jane Jacobs）的《美国大城市的生长与死亡》（1961年），到彼得·卡尔索尔普（Peter Calthorpe）的《未来的美国大都市》（1993年）和彼得·卡茨（Peter Katz）的《新城市主义》（1994年）。现在，该观点已十分普遍，仿佛突然间"适于居住"的问题成为主流。诸如《时代》周刊和《新周刊》杂志也指出这一点，并成为政治类谈话节目的议题。

正如许多评论家指出，散漫扩展和城市退化之间并非毫无关联。这一城市现状的孪生子，随着宏观经济和政治态势的起起落落带来：土地成本、高速公路开发隐性费用、排它性区域规划以及诸如此类的问题。建造者和设计师在市场和政治环境的左右下工作，导致了散漫扩展而不是密集开发，导致了城市崩溃而不是再投资。但在这种市场推动下，个别建造者和设计师，在某个项目处理能力上也清楚地给出了这些问题的圆满答案。当然，开发商和建筑师还从多方面尝试解决这些问题，以把开发中的负面影响降至最小。

增加密度是一种方法。由于受到土地成本控制的刺激和适应对社区交流和居住性不断增长的需要，开发商和建筑师正尝试建造更密集的社区：更小的地块、更小的街道、更经济的停车场、整体设计的公共开敞空间和社区设施。他们还试图提高土地使用的强度，例如位于车库上方的附属住宅，在居住性用途（居住/=作单元以及Loft）中结合商业零售用途的单元。

图1
加利福尼亚州圣罗莎的海登村（Hayden Village，Santa Rosa），在类似城镇开发中提供了低价住宅。

图 2、图 3
俯瞰加利福尼亚州的 Crossings 村，它结合了独立式住宅、Townhouse 和住户自有公寓等各种形式，是一个以交通定位，适宜步行的社区。

Calthorpe Associates

2

3

住宅和商业零售用途相结合，其目的是为了减少对机动车的依赖：通过设计适宜步行的社区，如 5 分钟行程的邻里，设计者尝试着用古老的方法打破使用机动车的习惯。从更大范围来看，人们越来越注重住宅开发与交通策略相协调。由彼得·卡尔索尔普和其他人提出的交通定位开发（Transit-Oriented Development）（TOD）的概念正在普及，包括本书所涉及的奥伦克站和其他一些实例在内，已经有许多开发项目运用了这种方法。

被称之为“社区化的觉醒”也许是近来住宅产业精神最大的改变。公共空间的社会和精神意义，无论是公共建筑、街道、人行道还是社区中心，在新城市主义理论和不断实践的鼓励下，都被予以重新审视。其范围从诸如公共建筑位置的内在象征意义这样的大问题，到一辆消防车能合理通过的最小街道宽度这样的技术性小问题，无所不包。

这是对我们物质环境意义的新探索。什么是精神领域？什么是社会场所？一条林阴道为轴线的形式给我们什么启示？由一所学校或一座纪念碑结束的远景有什么样的情感寄托？社区设计者正重新关注街道象征的重要性——利用街道设计来创造意义上的等级制度，而不仅仅是交通组织的等级制度；利用街道和开敞空间来限定和联系各个邻里单位。公共建筑的布置地点——对城市元素合适位置的有意识的设计——曾经是一种很普通的艺术，现在正被重新探索。

与之并存的是有关社区的一个新课题，即为促进社会相互作用以及培养对社区的满意程度，对社区的物质形式进行的探索。毁誉参半的入口门廊成了这一新方向的标志。很快，设计师通过更靠近街道的房屋、位于后部或隐藏的车库、强制性入口门廊等各种方法，试图恢复或促进交往和联系的意识，这种意识在第二次世界大战以后似乎就消失了。

换句话说，第二次世界大战后的街道设计概念

Marshall Erdman & Associates

4

5

Phcto:© Steve Hinds

6

RTK/Craig Balckmoon

正面临挑战——特别是"死胡同"，这是早期郊区住宅的标志性做法。有关街道安全的新理论和研究经验表明，一个连贯的交通网络更完整，对没有汽车的人来说也更有效。街道宽度问题也成为争论焦点。以更完整的街道和更亲密社区的名义，同时也为了保护土地资源和减少开发成本，开发商和设计师正在改变沿用了很久的公共设施，以及沿地块尺寸和房屋展开街道宽度的消防标准。

回归社区也在另一个方面展开斗争。在都市和郊区的许多工程实践中，都开始挑战当代住宅开发的单用途规划和分区制方式，并尝试结合水景、多用途土地、多种房屋套型和多种地块尺寸。多用途邻里或村镇中心，以及底层为商店和服务用房，上层为住宅的手法是一种老式的，甚至是远古的概念，它的复兴由新一代规划师和设计师发起。邻里或城镇中心的设计概念，同时抓住了回归社区感和支持环境保护倡议这两种潜在的呼声。

通过填充式开发和对重要地块的改造，建成的郊区和城市边缘地带正变得越来越密集，并且综合了更多的功能。在多数实例中，提高密度的做法，不仅因为房地产的需要，同时也是出于建立一个管辖区内的中心或统一特征的政治愿望，这种愿望是在早期建造高峰中从未出现过的场所感。像达拉斯附近的艾迪生花园这样的新项目，正是从市场新情况中发现了业已存在的受众：有选择的租房者。如亚特兰大波斯特房地产公司（Post Properties of Atlanfa）这样的开发商发现，郊区村镇和城市区域有一个几乎没有开发的市场，即有高收入但仍选择租房的年轻人、中年人和"空巢家庭"[1]及退休人员，或者那些觉得城市的（和文雅的）环境比综合花园公寓更好的人。

这种体现都市生活方式的做法，在本书涉及的几个工程实例中都已经采用。在奥斯卡·纽曼（Oscar

[1]"空巢家庭"指子女长大并离开家后只剩父母的家庭。

图4
威斯康星州米德尔顿的米德尔顿庄园，包括了新城市主义的许多准则：后退红线距离小、有入口门廊和后部车库。

图5、图6
新的开发项目中结合开向街道的底层商业用房做法已越来越多。佐治亚州亚特兰大的河畔住宅（Riverside in Atlanda）（图5），得克萨斯州艾迪生的艾迪生花园（图6）都成功地运用了底层商店、上层公寓的做法。

Backken Arrigoni & Douglas Dun

Newman）一鸣惊人的《可以防御的空间》（Defensible Space）一书中，人们领悟到郊区和都市开发都会因为"与街道打成一片"的设计方法而更有自主意识。开发商不再采用近来流行的堡垒心态的设计方法，转而设计有独立出入口和老式入口门廊，并开向街道的Townhouse。有些新项目还出现了诸如邻里商店、服务店和室外餐厅等街道层面的宜人设施。

同时，开发商还注意到了合适的市场定位。受到低犯罪率和经济增长的鼓舞，美国许多地区都有明显的回归城市的运动。市场之一是年轻家庭希望的更"有特色"的高级项目，包括适应使用的住宅和新的多层和高层住宅。在另一个市场范围中，开发商发现，针对经过多年郊区生活后转而向往城市生活的郊区空巢家庭而开发的，大型城市Townhouse和自有公寓，以及独立式独户住宅非常成功。

当城市内的新建筑如雨后春笋般出现时，老建筑改造项目成了许多城市的另一种选择。虽然联邦税收激励政策不那么普遍了，但城市中有大量空置或过时的历史建筑，这些几乎是无价之宝的财富正等待能够被重新投入使用。当然，适应使用的住宅不是什么新思路，但大量改造过的建筑正成为住宅和社区获得新生的保证。

本书中的14个实例各有主题，它们是试图解决诸如散漫扩展、城市再投资和生活质量等问题的实践。其范围从自由的郊区新社区到城市边缘填充式开发，以及城市改造和维修。所有的实例都超出图纸阶段，大多数基本已建成。它们提出的不仅仅是对这些问题的理论性探索，而且也是通过了审批和市场双重检验的方法。

实例研究包括独立式独户住宅、Townhouse、多户住宅以及多种组合式住宅。这些项目中有出售的和出租的项目以及商品房和经济适用房。其首要特点是住宅的公共文脉：总体规划、场地布置标准、停车场、街道布置和建筑模式。对于住宅单元，本书的实例强调的是户型设计趋势，要能适应变化的人口统计学、职业和社会选择。

书中实例比通常的开发行为更密集，这也是解决上述问题的一种方法。但它们不是必须如此密集，选择它们是因为这些实例反映了住宅和社区开发问题中更全面的解决途径，及其超出产品（或建造者）

房屋典型之外的设计技巧。

书中实例研究的方法和形式，同样被用于强调说明住宅和社区开发中基本房屋体块的定量标准，例如地块尺寸、后退距离、街道和小巷尺度、停车比率等。在这个意义上，实例还为我们展现了新千年来临之际的住宅掠影，并展现住宅的现状和远景。书中随后总结了实例研究中显现出的设计准则和方向，将在我们步入21世纪时，为规划师、建造者和设计者提供有用的借鉴。

图 7
公共大道广场，加利福尼亚圣何塞市填充式房产项目。

图 8
哈伯城，田纳西孟菲斯新城市主义的社区。

图 9
宫廷山庄，弗吉尼亚阿灵顿居住填充式开发项目。

独立式独户住宅

独立式住宅地块

独立式住宅的基本区域和决定密密的主要因素是每栋独户住宅的用地。由于成本和一些政策方面的原因，独立式住宅的用地正变得越来越小。虽然许多工程仍然有大量大块的细分土地，但变小的趋势一直存在。按照总部设在西雅图的建筑设计公司——Mithun及其合伙人公司（Mithun Partners，Inc.）负责人比尔·克里格（Bill Kreager）说："10年前一个7200ft² （668.9m²）的地块都小得令人尴尬"，而今天小到2500ft² （232.3m²）的地块在市场中随处可见，在有些"经济型"住宅项目中甚至更小。

第二次世界大战之前，郊区的独立式独户住宅经常以50ft（15.2m）增量划分，典型的如一个后部带单车库的50 ft × 100ft（15.2m × 30.5m）的地块，面积为5000ft²（464.5m²）。第二次世界大战后由于双车库的普及，地块尺寸加大，很多项目中的用地宽度达到70ft（21.3m），甚至更宽。在一些乡村社区中，1/4acre（1011.7m²）或1万ft²（929.0m²）地块也较普遍。

近年来，特别是20世纪90年代，地块尺寸普遍缩小至25～40ft（7.6～12.2m）宽。例如威斯康星州米德尔顿的一个传统邻里开发（traditional neighborhood development，TND）项目米德尔顿山庄，最小的用地尺寸仅为32ft × 80ft（9.8m × 24.4m），面积为2560ft²（237.8 m²）。除去街道和其他公共空间，这样的用地理论上的"出户率"为每英亩（4046.9m²）17.4户。❶

另一个相关趋势是在一个开发项目中多种用地尺寸的混合，不仅表现在整个项目的开发层面上，也表现在更细小的街道和地块划分层面上。例如哈伯城中，售价13万美元用地面积为2500ft²（232.3m²）的住宅就与售价80万美元用地面积为5500ft²（511.0m²）的住宅相毗邻。按照卢尼·里克斯·基斯事务所（LRK）的卡森·卢尼（Carson Looney）的说法，哈伯城和其他类似社区，综合多种住宅面积和收入阶层的做法是成功的关键，即"建立设计原则，确保大小住宅在尺度、比例、细节和质量方面相协调"。虽然并不是每个人都认同用地面积和类型的混合具有较好的市场远景，但这种概念对独立式住宅开发中全面提高密度有一定的潜力。

地块规划

住宅在用地中不断向用地前部的推移是同时受到了TND规则和用地缩小的影响。在一些小用地开发和新社区中，沿街后退距离通常已小至10～20ft（3.0～6.1m）。允许超出退红线的门廊又得到使用，也是这种概念的一部分，并在一定程度上成为对小户型和小用地的补偿。虽然这种做法在住宅产业中可能引起争议，但按照新城市主义者的预期，房屋靠近街道可以鼓励社会责任感并有助于营造社区氛围。

随着前院的缩小，被用作停车和通道的后院增

❶ 43560ft² ÷ 2500ft² = 17.4户/acre（不包括街道）。

图 10、图 11
独立式住宅原型，卡尔索尔普事务所（Calthorpe Associates）以此说明在无须改变设计完整性的情况下，也可以将多种用地尺寸综合到一个街区中。每栋住宅都有一个入口门廊、后部室外空间以及位于地块后部的单车车库或双车车库。

图 12
位于奥伦克站社区的用地，说明附属用房的多种用途，这是一种地界零线住宅的变体。

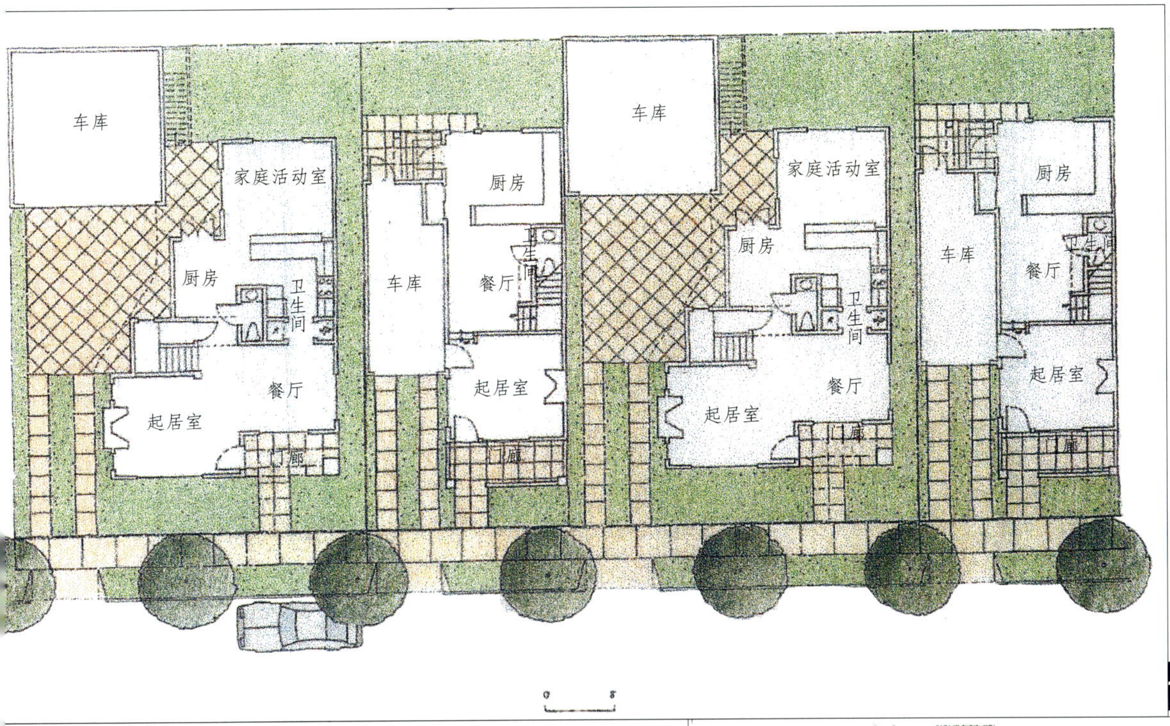

Calthorpe Associates

11

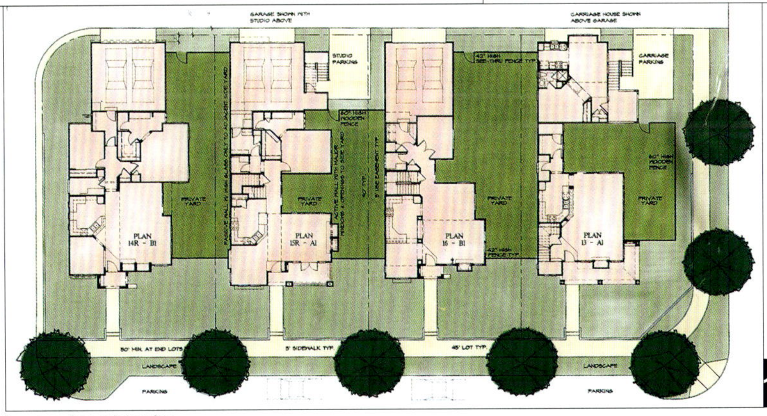

12

Lverson Associates,Inc.

多，除此之外，侧院也成为主角。在侧院模式中，住宅被拉长，位于地块的一侧，有时住宅单元只有一个开间，其他房间向侧廊和院子或景观庭院开设门窗，例如哈伯城的侧院住宅就模仿了殖民地时期“查尔斯顿独立住宅”（Charleston single houses）式样。这些侧院空间较窄，通常宽 10～20ft（3.0～6.1m），因而也不可能布置宽大草坪，而它的优点则是空间的处理趋于更加的细致，就像日本园林一样，硬质景观（hardscape）和自然景观相互平衡。当窗户开向相邻住宅侧面时，可以通过开设高窗解决底层的隐私问题，这样既可以采光，又避免了邻居间的

视线干扰。

许多新的侧院住宅都采用“被动使用”附属用房的概念，这是出现多年的地界零线（Zero-lot-lines）概念的变体。在地界零线模式中，每栋住宅沿侧院用地红线布置，以达到最大使用面积。这种模式的限制是，消防和建筑准则禁止山墙开窗，同时要求墙体有1小时的防火等级。在被动使用附属用房模式中，住宅后退侧红线3～5ft（0.9～1.5m），这样所有立面都可开窗。用地上后退红线形成的与相邻住宅间的空地可以建造附属用房。

停车：小巷通道

住宅前部充斥着的双车库支配街道景观多年之后，停车也成为了一个课题。一个很有争议的趋势就是恢复小巷停车，支持者认为它有很多好处：无须对有碍街道景观的车库进行建筑处理，避免了通向每个车库的单独通道，因而也可让出街道与建筑间的空间用以停车。如果街道停车更加高效，有时甚至可以取消一些街道的停车，由此街道宽度可以缩小。反对者则认为小巷停车就像在每栋住宅两侧都有一条街道，实际上增加了消费者的成本。另外一些人则对这些“后门”空间的长期维护以及用小巷停车代替更公共的前车道的合宜与否心存疑虑。

住宅小巷开发标准（房地产销售中称之为机动车小巷或停车道）多种多样。典型的小巷宽度在车库门与门之间为24ft（7.3m），其中10～20ft（3.0～6.1m）的部分道常为铺地，每侧可设计为景观缓冲带。在有些实例中，如俄勒冈希尔斯伯勒的奥伦克站社区，小巷提供了进入每户的基本通道。这些住宅都有可以看到小巷的窗户和门廊，因此可以“把眼睛放在街道上”。

其他停车模式

另一种解决停车的方式，是采用共用的车道和

图13
哈伯城内有小巷通道的后部车库。

图14
加州圣罗莎的海登村的一条小巷连系着大约一半的住宅单元的后部车库。

图 15
加利福尼州福斯特市（Foster）默特罗老年公寓和城市花园就是综合各种房型的实例。商品化 Townhouse 和资助性老年公寓共用同一条道路。

图 16
随着市场对三车库需求的增长，也有一些设计方式针对狭窄地块上的车库用于改进街景。有些将单车库和双车库分开形成景观庭院，或者采用串联式车库。

Seidel/Holzman

凹入的停车院落。威斯康星州米尔克里克的安布利住宅区就采用了这种方法。为空巢家庭设计的四单元拼联住宅共用小路和车道，车道通向后部停车院，由此导向每个单元的双车库。同时它还允许小巷停车，车库被隐藏起来，从街道景观和人们的视线中消失。

第三种方式就是后退的车库。在回归第二次世界大战前模式的趋势中，许多开发商和市政当局选择了把前部入口的车库退至用地后部。在加利福尼亚州圣何塞，小块用地中要求有一个有顶的单车库，并且后退红线至少 20ft（6.1m），这样车库前还可停放一辆车。在其他一些实例中，开发商还尝试了设计串联的双车库，但这种形制比较少见。

与小块用地趋势相反的是对三车库需求的增加，对设计者而言这是个特别棘手的问题。开发商通过以下几种方式解决该问题：车库旋转 90° 以减少面对街道的体量和外观上的车库门；在车库朝向街道的立面上使用住宅设计语汇，例如窗户等；为平衡建筑效果将车库分成两个独立的体量。南加州的地块〝艾维港〞（Port Ivy）采用了上述的最后一种方式。在这个地中海风格的工程中，分开的车库创造了庭院式的开敞空间，成为住宅入口或侧院的一部分。

家庭办公

家庭内部，最重要的设计趋势之一，是家庭办公的数量在不断增加。根据 1997 年的统计[1]，有 2300 万人至少部分时间在家工作，这个数字近几年还会大幅上涨。

最小的家庭办公空间是一个计算机工作台（通常位于楼梯间上部的开敞区域），或是卧室之间的凹室这样的小空间（能使房屋感觉大一些也可作为工作场所）。大的则是完全独立的办公室——有时可位于独立车库上部，其中一般设计、安装远程通信或家庭商务设施。

由 LRK 事务所为名优嘉园（Better Homes and Gardens）设计的〝蓝图 2000〞（Blueprint 2000），当年为新世纪设计的住宅原型，是上述第二种家庭办公类型的实例。〝蓝图 2000〞住宅提供了一个位

[1] 参见劳动统计局1998年公布的结果“1997年家庭办公”。

图 17
位于芝加哥的林肯花园一角，部分住宅使用下部的公共车库。住户可由车库通过私人入口直接进入住宅单元。

图 18
在奥伦克站车库上方的可供选择的空间，可以设计成工作室或附属单元。这个独立的空间，有自己的出入口并能观察到后部的小道。

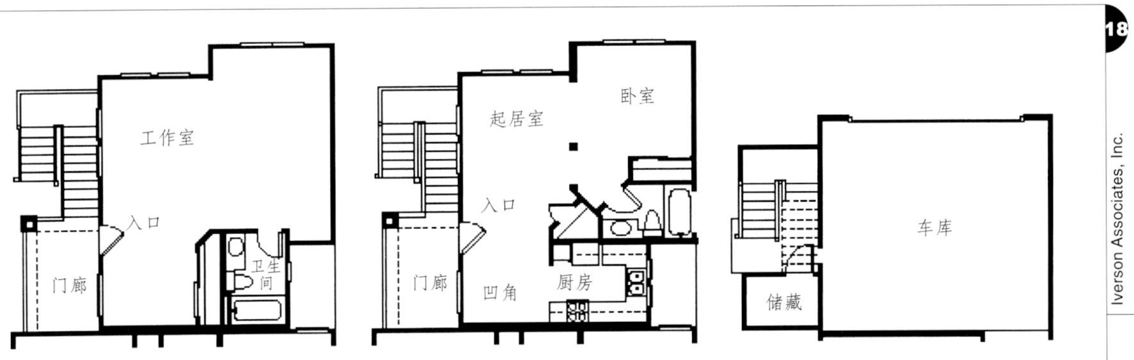

工作间式附属用房　　客用公寓式附属用房　　一层平面

于车库之上的办公室，它与主体建筑分离，通过有顶的拱廊与主体住宅相连。

这些做法中比较折中地被称为“灵活空间”或“自由空间”。起居室已演变成小的、正式的会客室，因而被一些业主取消，取而代之以灵活空间，目的是提供一个工作场所，例如做家庭作业、付账单和进行远程通信。由于这是一个“工作场所”而非“展示空间”，因而常常位于门厅后，与厨房相邻或位于厨房和车库之间。

附属用房

面积小而地位次要、属于个人的附属用房常常被称为“祖母屋”（granny flat）或“车棚”（Carriage home），这既是老生常谈也是新鲜话题。这种通常位于车库上方，面积约400～500 ft^2（37.2～46.5m^2）的附属用房多年来颇受欢迎，但由于消防或排他性分区意图等种种原因，大部分地区的分区法规不允许建造。正如规划师和设计师长期呼吁的那样，附属用房可以达到以下效果：提高密度；提供经济型住房给新家庭或小家庭；为两代人之间的独立个体（真正的“祖母屋”或为长大的子女准备的房间）提供住所；为业主提供额外的家庭收入来源；作为独立的家庭办公室或类似用途。通过出租附属用房获得的收入可以提高业主的购买能力，尽管有时他们不愿承认这种收入。

值得注意的是附属用房正变得越来越可行，它正一点点改写着分区法规。这种可行性通常通过结合更加新颖灵活的设计法规而获得，有些案例中可以通过有限批准的特殊开发规划目标达到。在提供附属用房的案例中，市场反应也是多种多样。在奥伦克中心，30%买下附属用房的人将其建成“车棚”，有些则将其建成“祖母屋”出租，其他的则留作自用——功能从收藏室至客房无所不有。虽然附属用房正处在早期尝试阶段，但包括奥伦克站在内的附属用房的设计概念，有望成为房屋的基本配置而不是一个历史的痕迹。

组合房型

对单一用途分区的控制在其他方面也变得越来越少，由各种住宅类型、住房产权、价格、家庭收入组成的组合房型小区和新社区却越来越多。为创造多样化和个性化的社区，市政当局同意甚至是极力主张开发商更多考虑采用组合房型住宅开发。有时采用多种用地尺寸以获得单一住宅户型的多样化效果。例如，哈伯城就采用了多种用地大小和价格组合的独立式住宅开发方法。其他逐渐普及的做法，

图 19
宫廷山庄，多层住户自有住宅的位置，恰好缓和了与之相邻的高层建筑、更有行人尺度的新开发项目和现有低层住宅邻里的边界。

图 20
在佛罗里达的庆典城（Celebration），具有三角形山墙的出租住宅面向街道，车库位于其后。

Lessard Architectural Group

19

包括独立式住宅和Townhouse的组合，出售与出租住房的联合，商品房和经济适用房的结合，等等。住宅开发的新变化，不是像以往规划社区那样，把多种住宅类型用于同一个项目，而是把针对不同市场的住宅整合于一个小的邻里单位（如一个单独的地块或街区），类似于二战前乡村与城市的普遍做法。

加利福尼亚福斯特城郊区默特罗老年公寓与城市花园采用了上述的概念。该项目将以市场价销售的Townhouse和资助性老年公寓结合在一个多层结构中。项目可建设用地是两个不相邻的地块，通常的做法会把每块地用于单一功能，即Townhouse一块，老年公寓占用另一块。但基于不断增长的成功市场经验，设计者将两种类型的住宅同时安置在每一块地中，Townhouse环绕老年公寓并与后者共用通道。项目设计师亚历山大·塞德尔在解释其设计意图时说，商品房〝与受资助住宅相邻并没有损失什么市场价值。〞

另一个实例，是位于宾夕法尼亚匹兹堡的改造

RTKL/Paris Rutherford

20

项目克劳福斯广场，它更具有城市文脉。该项目在一组方形街区中综合了独立式住宅、Townhouse和公寓建筑，有些用于出售，有些用于出租，有的是市场价的，有的则是受资助的，但面向市场的住宅并没有与其他住宅隔离。这个工程成功的关键，是不同产权类型的住宅在视觉上并无区别，出租的Townhouse和出售的看上去一样，甚至出租单元中的受资助单元定期轮换，避免了某些特殊的单元被打上特别的烙印。

拼联式住宅类型

Townhouse

当主要的中密度开发转向独立式独户住宅时，Townhouse在各种环境中的使用范围会更广泛。在郊区，越来越多的Townhouse与独立式住宅结合在一起，从而可以提高整个项目的密度。Townhouse在城市项目（经常与更高密度的住宅类型结合）中的运用也不断增长，这有利于街道上的行人确定方位。例如弗吉尼亚阿灵顿的宫廷山庄中，将Townhouse和多层住户自有住宅结合在一起，以保证整个项目的人行尺度，并使总密度达到每英亩（4046.9m^2）44户。

与独立式独户住宅类似，这一类住宅在停车方面也进行了大量的探索。由于土地资源缺乏和开发费用上涨，越来越多的开发商采用了隐藏于单元下的停车形式，住宅于是也比从前的高了。如默特罗老年公寓和城市花园的居住空间位于第二和第三层，其下是一个二车位车库由一条砖铺的车道连接。在这里“小巷”（mew）的概念也被衍生了，最初这种被两侧马厩夹拥的小道，现在已经设计成嵌入城市街区网络中的半私密车道或人行道，形成通向车库的小路或Townhouse某一边入口的小巷。

第三种变化是使用公共车库，公共车库可以是地上的地下的——在单排或双排Townhouse的下面。例如芝加哥的林肯公园之舞，为提高密度，有些住宅背靠背建造，一部分面向街道，另一部分面向内院。车库是位于住宅下部的公共车库，其入口在联排住宅组团的两端。

Fisher-Friedman Architects

21

当然，另外还有一种提高密度的方法便是采用垂直分布。林肯公园之舞的一部分是背靠背单元，另一部分则是两层楼为一单元的叠拼式Townhouse。超过四层楼就需要电梯，而户型也变为水平单元住宅（位于同一楼层的公寓单元）。加利福尼亚州圣何塞商业区的公共大道广场（Paseo Plaza）就是这种Townhouse/公寓混合式的实例，建筑一、二层是跃层式的Townhouse，上面则是四层的公寓单元。

与其他新项目一样，公共大道广场也运用了满地块围合，以限定公共和私密空间的做法。Townhouse面向街有独立出入口、花园和台阶，形成宜人的行人街景并可由居民监管。相反，建筑内部则形成只有居民和客人可以进入的较私密的开敞空间。

Loft

Loft作为一种住宅类型，已经由艺术家住宅逐渐变成商业性的住宅开发的主流之一。曾经被限制

图 21
旧金山的一个适应性使用开发项目东方客栈中，古老的砖墙成为光洁的玻璃和钢材入口的背景。

图 22
在纽约金融区，有百年历史的交易所大厦改造成了豪华的出租公寓。

在像旧金山和纽约这样一些有选择性的城市中建造的Loft单元，已经在美国全国范围内广泛应用于很多新建筑或老建筑的市场开发中。这种市场响应大多由住宅本身引起：Loft项目常有着两层高的空间、毛坯房的质感和工业化的材料，这些都是典型的公寓住宅中无法获取的魅力，更不用说独户住宅了。

对一些老建筑使用上的改造来说，部分吸引力还存在于新老材料的对立统一中：白色清水墙和砖墙的对比，不锈钢台面与年代久远的木梁及厚重木柱的对比，等等。有时这些建筑的空间结构也很有趣，几乎所有空间都是开敞的，这是新建建筑远远不及的。

新的Loft也可以像老建筑改造一样获得成功。例如西雅图17号住宅，这栋8层楼的新建筑包括了跃层的Loft，720～990ft^2（66.9～92.0m^2）的住宅单元有着裸露的混凝土楼板、粗铁门框和暴露的机械管道。这种小户型和毛坯房设计使住宅更经济，其粗糙的质感（按宣传册说法是“对待Loft和公寓楼的观念问题”）吸引了西雅图艺术区的众多年轻人。针对一般的城市市场，17号住宅的开发商哈伯房地产公司的蒂姆·埃布尔（Tim Abell）认为：“需求（特别是年轻人市场）不仅仅存在于粉刷过的房屋中”。

适应性使用住宅

与Loft类似的是，对历史性建筑的适应性使用改造项目也在逐渐增加。除工业建筑外，还有很大范围的建筑类型正被改造成为住宅，对适应性使用的市场需求也在持续增长。本书中与此相关的三个实例都是近期的作品。东方客栈（Oriental Warehouse）是一个有66套商住两用的大住宅项目，几乎完全在老式砖结构仓库内改建成。位于路易斯安那州新奥尔良的棉纺织厂则正好相反，这个几乎全是出租公寓的项目依靠其老工厂式的大胆做法，如色彩斑斓的绘画和工业化产品，从而成功地把小套公寓和Loft推销给年轻一族。第三个适应性实例是一栋高层办公楼，位于下曼哈顿的22层交易所大厦改造成了豪华的出租公寓。虽然建筑改造的困难在某些方面不断增加，符合要求的材料越来越少，机构监督越来越严格，税收政策也不像以往那么优惠，但这些实例的成功证明了市场的可行性，并且从政策角度来看，适应性使用的优点也是住宅发展的一个方向。

图 23
佛罗里达锡赛德的总平面。

图 24、图 25
在佛罗里达的庆典城，商业街位于小镇中心，底层为沿街商店和饭店，上层为公寓住宅。街道两边都可停车，街道伸向一个沿人工湖建造的步行广场，并在此达到高潮。

社区设计

总体设计

总体设计经过多年曲线形街道和自由式分隔后，又回到了注重形式。这个值得注意的趋势是回复到更具布扎特点的城市设计，利用街道来组织并赋予城市结构以意义。在佛罗里达的锡赛德（Seaside）和其他早期新城市主义社区中，常使用呈对角线的宽大街道和轴线，与轴线结合使用的是街道终点的远景——通过成角度的或轴线对称的大路和街道，有层次地到达正式的终点。

本书中有些实例也涉及这种概念，从奥伦克中心沿主干道至终点的凉亭形式，到米德尔顿山庄总

24

23

© The Walt Disney Company

25

体规划中，为公共建筑预留了呈明确轴线对称的地块。同样，在得克萨斯附近的艾迪生花园，也使用了一条对角线大道联系其主要的商业区和居住区。而哈伯城用它达到了很好的效果，它把密西西比河(Mississippi River）和孟菲斯市的天际线借景至社区中。

与宽阔大道相反的是，以往经常使用的死胡同这种类型的道路受到了一些设计师和理论家的质疑。反对者认为，死胡同造成交通干道机动车流量过大，某些路口形成交通阻塞，因而对儿童和不开车的人很不安全。在米德尔顿山庄和哈伯城以及其他项目中，运用了"网络解决法"：所有街道相连，从而分散交通并减少对高速、大交通流量干道的需求。虽然网络街道在局部比死胡同带来更多交通流量，因而成为争议的焦点，但总的来说，前者使大范围内的交通变得安全并更有利于儿童、老人和不开车的人使用。虽然网络街道设计的经验使其正获得市场支持，但建设者也发现购买者仍然觉得死胡同安全，是较好的选择。

街道宽度

现在，设计的趋势是缩小内部街道宽度，以获得更多的建设场地。20世纪20年代，典型的街道从路缘至路缘宽28～30ft（8.5～9.1m），双车道，并允许两边停车。50年代变为36ft（11.0m）宽，并被市政工程部门和消防部门确立为全国性标准。颇据争议的宽阔街道要处理好车流、消防，甚至是城市防御性撤离。但是一些老邻里中的尝试，也表明了以往模式的可塑性，市政当局对街道宽度的标准也逐渐松动。

采用合理的窄街有令人信服的理由：花费较少，因而房价也较低；占用土地少并可保护绿化；雨水流量小；鼓励减少机动车的使用而代以徒步出行的方式，从而能够创造更紧密的邻里单位。近来的实践表明，较窄的道路用地可减缓车行速度，因而也更安全。❶

俄勒冈的波特兰市（Portland）是最早采用较窄的街道的地区之一。该市"街道瘦身"计划的标准是，双车道两边停车的街道宽26ft（7.9m），双车道单边停车的街道宽20ft（6.1m）。同样，本书提供的一些开发实例，也已经把街道宽度控制在28ft（8.5m）以下。

人行道和绿化带

街道变窄的同时人行道正逐渐变宽。一般郊区的开发标准是4ft（1.2m）宽人行道，有些社区和开发商已经采用对行人更友好的4.5ft（1.4m）或5ft（1.5m）的最小宽度标准，以使两人可并排行走。

路缘和人行道之间也开始注意种植绿化带。为达成成熟的景观效果，有些开发商的做法是，在街道两边种植高大的成年树木或缩小树木间距。例如艾迪生花园，市政当局为街道景观建设正投入更多资金。有些实例中为使住宅更经济，有关方面允许绿化带种植在人行道对面，与私人用地相邻，即使这种做法不能实现，也开阔了思路。

❶ 可以参见斯威夫特及其合伙人事务所（Swift and Associates）1997年的研究成果《居住街道类型与意外伤害的关系》(Residential Street Typology and Injury Accident frequency）以及科罗拉多州朗蒙特城（Colorado Longmont）。

邻里／城镇中心

对尺度亲切的邻里主干道和适宜步行的愿望，成为了许多新规划的设计基础，这其中的一部分经验，即使是希望的那样，有着明显的消费者特点。邻里／城镇中心的规划目标也多种多样：创造一个适宜徒步的环境，进而减少对机动车的依赖和使用；创造社区的特征和亮点；提供可选择的住宅类型，如商住单元和受资助的老年公寓。新城市主义者安德烈斯·杜安伊（Andres Duany）注意到，家庭办公的趋势及其带来的社会交往的减少，他为城镇中心增加了另一个合理的解释，"现在比以往更需要城镇中心，这样可以减轻家庭办公带来的社会孤立感"。

John Schleimer. Market Perspectives 26

虽然邻里或城镇中心概念有很大吸引力，但它的实现通常是一次挑战。在邻里单位或社区尚未形成足够大的规模时，这些中心的商业空间很难出租。从开发商的角度来说，不是所有人都能找到合适的承租人，并能满足他们的在形象和租户类型上的要求。为实现多种类型租户承租的目标并避免一些商家不愿承租，有些开发商已经开始降低首批商业承租者的租金。

多数开发商都会等到小区入住人口到达一定数量后，才开始着手邻里中心的相关事宜。例如奥伦克站首家商店开张时已有200套住宅建成，其他的项目则各有各的目标，米德尔顿山庄在多数房屋建成后开始了1万ft^2（929.0m^2）商业／办公用房的建设，标志着社区中心开始启动。最初的社区中心只是部分使用，包括一家普通商店和邻里邮件分检中心，这也预示着社区中心终有一天将会建成。

有一部分出租问题，包括积极的和消极的，与邻里／城镇中心的实体设计有关。虽然近来开放的奥伦克站中心区第一阶段非常成功并深受欢迎，但帕克信贷公司（PacTrust）的项目经理迈克·梅哈菲（Mike Mehaffy）却指出，该中心"破坏了郊区开发的延续性原则"。他认为停车场应置于后部，而不是位于从街道就可以看到的显眼位置。

奥伦克站像许多新社区一样，力图创造更适宜徒步的环境，从精神上向传统城市的主要道路看齐，以代替那种带形商业中心围以停车场的形式。其城镇中心的人行道宽16ft（4.9m）（有的地方略宽），底层商业空间的玻璃门可以卷起，从而形成室外就餐区，已有三家饭店开业，旁边是一家咖啡馆和其他小型商业空间。然而成功不可能没有代价，这需要经过广泛的研究和探索，并符合综合用途开发的规范，并通过更深入的设计和咨询才能成功地完成多用途邻里或城镇中心的开发，这一过程比采用带形商业中心的方式更为复杂（也更昂贵）。

商住两用住宅

商住两用住宅是许多新的邻里／城镇中心的组成元素。现在这种"商住"关系，就是过去所说的"位于底层商店之上的住宅单元"。然而，具体到现在商店，其范围十分广泛，不仅有零售商业，还有专业办公、服务商业甚至是新兴的高技术商业。即使回到过去，这种类型的住宅也很少有建设经验，

RTKL/Paris Rutherford 27

图 26
俄勒冈波特兰奥伦克站一个花园中的凉亭。

图 27
艾迪生花园在主干道加入了行人活动区。

图 28
奥伦克站的城镇中心，上层为住宅。

特别是在郊区。

奥伦克站城镇中心的住宅群，已经建成第一阶段的 12 套商住单元和位于底层商店之上的 16 套大空间式联排住宅。虽然这个市场的深度和广度才刚刚显露，但正如帕克信贷公司的迪克·勒费尔马凯尔（Dick Loffelmacher）指出的，随着第一套商住单元的售出，广阔的市场前景逐渐显露，甚至希尔斯伯勒（俄勒冈西北部城市）的郊区也有需求。

未来趋势

下一个10年将会怎样？住宅产业正在明显分散和缓慢改变，即使这样也仍有一个显著趋势，即重建私人和公共领域间的平衡关系。生活质量的一个新重点就是要超越个人住宅和后院的限制范围。对于新的郊区建设来说，这意味着完整性更强的区域规划和建筑设计，以及更多关注于交通和社区形象的设计。对业已存在的郊区和城市边缘来说，这意味着，填空性开发和改造项目的重点是创造个性特征和场所感。对城市内部地区来说，则意味着创建一种邻里关系，而不仅仅是个开发项目。

本书探讨较多的密度问题和社区问题是紧密相关的。正如西雅图的建筑师比尔·克里格所说，“恰到好处的密度设计带来社区感和安全感，特别是社区感，是让人们能舒适地生活在高密度环境中的有效方式。”实际上，下面列举的 14 个实例，正表明了这些问题同时带来的复杂性和机遇。

实例研究

实例研究

米德尔顿山庄

米德尔顿，威斯康星

米德尔顿山庄（Middleton Hills）最终的发起人和开发商马歇尔·厄尔德曼（Marshall Erdman），很乐意称他的新作品是“一个实践”。实际上，对于威斯康星州麦迪逊地区（Wisconsin,Madison）的郊区米德尔顿来说，新工程中的紧密空间、紧靠街道的住宅，与当地典型的由开发商建造的大地块住宅有很大不同。最初，米德尔顿的居民和建造者都用好奇的眼光看待它，传统邻里开发（TND）项目正在启动；第一批居民报告显示他们对这个新邻里很满意。

现在，该项目已经有111栋住宅正在建造或已经完成，包括45栋独立式独户住宅，7栋Townhouse，4个商住单元，1栋55套的老年自有式公寓。另外还有两栋在商业区已经落成的，总计2万ft^2（1858.1m^2）的商业办公用房。由于受到弗兰克·劳埃德·赖特（Frank Lloyd Wright）在该地区的影响，并将其作为社区邻里的建设要点，山庄内的许多房屋都设计成草原住宅的样式。

米德尔顿山庄的总体规划，随着土地授权的获得以阶段性方式实施。6个已完成设计的阶段中的3个阶段的街道和基础设施目前已经建成。45栋建成的独立式独户住宅中，30栋由使用业主建造，13栋作为投资的住宅由当地建设者建造，另外两栋由马歇尔·厄尔德曼事务所进行探索性设计并建造。该事务所还设计并建造了商业用房和商住单元。

这块用于开发的有山林和湿地的160acre（647520m^2）土地属于厄尔德曼家族已有30余年，这期间，围绕着这块土地的小镇米德尔顿也在不断的发展着。早在20世纪90年代，市长就询问过厄尔德曼，一个建筑师、开发商，也是赖特以前的学生，是出售这块土地还是用作居住开发。由于不想成为“只是另一个细分的小块土地”，厄尔德曼请杜安伊·普莱特－贾伯克（Duany Plater－Zyberk）及其公司的新城市主义者安德烈斯·杜安伊规划并设计一个新的社区形式，使其既能保存用地内的自然特征，又能建立一个有独特的身份和社区感。

这块地因为其丰富的自然特征被杜安伊誉为“幸运之地”：用地内生长着成熟的野生橡木和黑樱桃树；在山坡上可见到8mile（12874.7m）以外的

1

Marshall Erdman & Associates

Duany Plater-Zyberk & Company

Marshall Erdman & Associates

2

3

图 1

米德尔顿山庄的一排独立式住宅。

图 2

狭窄的街道和建筑的退让，以及宽阔的绿化带构成社区的特征。当树木长大，完全覆盖人行道时，将进一步加强这种舒适的亲密感。

图 3

山庄的总体规划考虑了关键的自然景观和景观走廊，为步行活动的灵活性创造了条件。相互连接的街道分散了车流，不像典型的郊区模式，将车流汇集到主道上。

Marshall Erdman & Associates

州议会大厦的穹顶的景致；保存完好的湿地遍布野生植物。山庄的总体规划围绕着关键的开敞空间、景观走廊、以及穿插其间的一系列景观小品和人行道进行，旁边大约1/4的土地作为保留地或再发展用地。

一个综合用途的邻里中心占据了主入口旁的平地，沿曲折有致的街道两边，布置着上层为办公或住宅的沿街店面。首先建成的商业用房包括一间社区便利店和咖啡屋，以及该项目的销售处。设计中，山庄居民的邮件被投递到这个中心，从而鼓励居民间的相互交往。这座建筑前是一个由桌椅、洋伞点缀其间的宽阔广场，提供了有吸引力的休息、闲谈或喝咖啡的场所。

社区中心设计的重点是人行流线。除了已经建成的特征鲜明的建筑外，还包括商店前部环绕为鼓励散步和社会交往而设计的曲折街道。停车场被安排在商店的后面，建筑组团之间有可穿越的行人小道。

总体规划利用地形将公用建筑设计在为四块基地：计划中的一所学校、一个自然中心、一座博物馆或图书馆和其他社区建筑。四块基地占据着用地的高点或是其他重要部分，并且成为用地中居住区街道组织的焦点。

这里不同于一般规划中的用地的细小划分，道路没有死胡同，取而代之的是相互贯通的连续街道，这样可以分散车流也避免了建设通常必需的主干道。街道被组织进了传统的街区，并且有小巷通向后部的停车场。沿湿地公园的公用街道提供了连续的临街场地，使人们可以轻松进入，其公共性的特点在此得以最大化。

街道设计是米德尔顿山庄详细规划批复过程中较有争议的问题。基于经验，在米德尔顿地区，市政工程和消防部门认可的街道必须宽达36ft（11.0m）。但开发商和规划师都希望宽度标准可以窄一点，这样可以营造更亲密当然也会更有安全争议的社区。

最终的协商结果是：单边停车的双车道宽28ft

(8.5m)，无停车的双车道宽24ft（7.3m），无停车的单车道宽20ft（6.1m）。虽然居民都喜爱社区的亲密感，但有限的街道停车也可能是将来要面临的问题。

社区的街道虽然狭窄，但街道和建筑地块之间的步行空间却比通常的要宽。为鼓励人们的步行活动，住宅基地前沿从路缘起后退了13ft（4.0m），这样就形成了5ft（1.5m）的人行道和8ft（2.4m）的绿化带。

米德尔顿山庄这种可以感受到的亲密以及它的社区特征，都要归功于工程强制性的"按红线施工"。住宅基地的前端被要求从建筑红线后退不超过（不少于）8ft（2.4m）。这不仅比该地区（也是大多数郊区住宅实例）的距离短，门廊允许超出红线向前伸出。而且这个建筑基地红线的概念，与最小退让红线相反，反映了该项目有关社区建筑感受的显著改变，乡村周围的一些新城市主义社区也都表明了类似的态度。

在米德尔顿山庄的邻里法规中，详细描述了它的景观要求及确保其实现的准则。法规中的"城市准则"本质上是分区要求，这些要求的实现有赖"控制性平面"（regttlating plan）——一种分区地图的划分方式。控制性平面中规定的每个地块都是6种

图4、图5
米德尔顿山庄出于社会和审美因素，鼓励建造入口门廊。住宅前部的室外空间变得更有用，也鼓励了邻里间的交往，虽然建筑的风格和使用的材料不尽相同，但街景韵律仍能保持一致。

图6
不同于一些早期的新城市主义社区的做法，这里的多数车库经过更私密的后部小道进入，而有些车库与建筑相连，这要归功于威斯康星的宜人气候。

7

类型中的一种，范围从32～48ft（9.8～14.6m）宽的“小别墅”用地到64～80ft（19.5～24.4m）宽的“住宅”用地。其他类型为Townhouse、商住单元、乡村公寓以及底层为店铺的Loft。每种类型都详细说明了准许的建筑用途、布局、合理占用、停车场和建筑物高度，其目的是不仅使房屋更具个性，同时也保证了整体视觉效果的协调一致，并体现出该项目的总体设计意图。

法规中的建筑准则规定了将要建造的住宅风格，有三种允许的建筑风格：草原式、工匠式和凉台平房式。在所有风格中，独立式住宅的前入口必须抬高至少2ft（0.6m），并鼓励建造入口门廊，那些64～80ft（19.5～24.4m）宽的大地块住宅则必须要有入口门廊。详细准则限定了建筑的基础元素（基座）、中部元素（墙和窗）以及屋顶元素，用以帮助设计者采用合适的设计语言、材料和比例，而对每座建筑设计的强制性审查，是保证建筑准则实现的手段。为避免土地投机风险，邻里法规规定，住宅必须在土地购买后15个月内建成。

车库在米德尔顿山庄也是必需的，多数位于住宅基地后部，由小路可到达。它们可以是独立结构或是与主体建筑连接。基地中这种30ft（9.1m）宽的小路[14ft（4.3m）是铺筑过的路面]由私人拥有并维护，而不像街道，它属于城市。邻里准则中也鼓励建造位于车库上的附属居住单元——不过至今只有很少建成。

通常设计审查部门由开发商控制，原则上由该项目的设计主管雅内·格拉博夫斯基－米勒（Jane Grabowski-Miller）主持，他也是开发商的雇员。但按照项目协议，设计审查部门最终将转由山庄的邻里协会管理。

米德尔顿山庄的实施也已经出现来自不同方面的阻力。按照项目负责人保罗·布伦塞尔（Paul Brunsell）的最初意图，社区应该产生强烈的趣味，但这种趣味由于样板房的缺乏以及私人业主建造的早期房屋的消极密度感抵消了。因为新奇的概念和法规条件，以及对市场不确定的预测，致使房屋在投机行为中勉强建成。最后，由于住户自己设计，充满期待的居民们不得不坚持长时间的设计／建造过程，这也使山庄用了较长的时间才定型。然而当建成的住宅足够使购买者看到其准确的设计意图时，

Duany Plater-Zyberk & Company

9

Marshall Erdman & Associates

8

图7、图8
基于20世纪初的当地建筑特点，准则中允许的三种建筑风格：凉台平房式、工匠式和赖特的草原式风格。

图9
米德尔顿山庄鸟瞰图显示了用地内的公用建筑。

销量开始增长，冒险建成的住宅卖得像刚上市时那么火爆。格拉博夫斯基－米勒说“这里有一种人们想要的邻里特征”，而麦迪逊地区居民的增加，也反映出人们希望在山庄中满足这种愿望。

实例研究

米德尔顿山庄

米德尔顿，威斯康星

用地指标

总用地	160acre
总住宅数	635❶
总毛密度	4户／acre
住宅类型	独立式、Townhouse
	商住单元、公寓
平均占地面积	4000 ft^2
	（独立式住宅）
居住毛密度	6.3户／acre
建成时间	分阶段建设

注 1 acre=4046.86m^2。

用地规划

	acre	百分比
住宅	80❶	50.0%
游憩／美化带	20❶	12.5%
道路／停车	20❶	12.5%
开敞空间	20❶	12.5%
其他（商业）	20❶	12.5%
总计	160❶	100.0%

❶估计：项目有变。

Duany Plater-Zyberk & Company

10

图10、图11
沿街立面

Marshall Erdman & Associates

12

图12
山庄内的第一幢商业建筑，底层是商店，上面为办公空间。它包括该项目的销售处、一家便利店以及沿人行道布置室外桌椅的咖啡屋。

11

住宅单元指标

住宅类型	占地面积（ft^2）	建筑面积（ft^2）	规划／已建成数	目前售价（美元）
独立式住宅	2800～8800	900～3900	325/45	140000～390000
Townhouse	无	1643～1818	30/7	199000 以上
商住单元	无	2000	30/4	214500
多联住宅（单／双卧室）	无	无	250/55	27000～68000
总计			635/111	

注 $1ft^2=9.29\times10^{-2}m^2$。

实例研究

安布利思

米尔克里克，华盛顿

乍一看，安布利思（Amberleigh）是一个谦和的邻里，但吸引人的独立式独户住宅有着多种风格，有都铎风格的带回廊小院式、海滨别墅式、工匠式。住宅有的是绿色调的，有的又是紫色调的。实际上，安布利思是个经过精心设计的双拼和四拼地块，隐藏的公共隔墙，为每个院落单元设置的集中于停车院落的车库，使视线无法到达。这个由Mithun及其合伙人公司设计项目有88套住宅，容积率高达7.6户/acre。

该项目用地位于米尔克里克（Mill Creek），是

注 本实例研究的图片由Mithun及合伙人公司提供。

1

面积为15acre（60702.8m²）的坡地。米尔克里克位于是华盛顿州（Washington）西雅图郊区，这里的大多数开发项目为大型独立住宅区。由于它是少数经过总体规划而尚未开发的地块，因此价格相对较高。开发商的市场研究确立了一个最高价格的严格限制，实际上就暗示了容积率的提高。同时基于华盛顿州社区发展管理政策，落后于西雅图城市发展速度的米尔克里克地区，想要在新住区开发中增加容积率有很大压力。其难点是，如何设计出拼联的住宅而又能够保持独立住宅的邻里关系，Mithun及其合伙人公司的负责人比尔·克里格如此描述这个困境："如果它看起来很密，潜在的购买者可能宁愿呆在汽车里而不下来考察一下社区。"

设计概念围绕着两个主题逐渐展开：尽可能使每个单元拥有独一无二的外观以及尽可能减少汽车对视觉的影响。为增强独立式住宅的外观和对整个项目的感受，每个单元两层的主体部分被推向靠近街道的前端，一层的附属用房（在双拼住宅中是车

图1
安布利思15acre（60702.8m²）用地上建有88套住宅单元，一个社区公园，以及3acre（12140.6m²）的环绕用地的自然景观隔离带。

图2、图3
提高密度的同时保持社区具有独立住宅的特点是安布利思的目标，一排看上去像是当地建筑风格的独立式住宅，实际上是一系列由车库相连的双拼或四拼住宅，住宅通过公共车道可到达的后部停车场和车库，这样即保持了街景，又使道路的宽度最小化。这种停车方式在视觉上强化了街景效果，并提高了人行的安全性。

4

库）被隐藏起来。由此，在倾斜的用地上的住宅群，由两层高的体量构成了和谐韵律，看上去尤如一个独立住宅群。在风格和色彩上表现的随意进一步强调出各个居住单元的个性特征，唤起了对老西雅图地区的记忆。正如克里格所说，"建筑特征是减少密度感的关键"。

四拼住宅单元的相对而言较少的连接道路和面向街道的车库，也为该项目的传统特征作出了贡献。通常是每个四拼住宅单元使用同一条道路，12ft（3.7m）宽的经过景观设计的车道通往住宅后部44ft × 64ft（13.4m × 19.5m）的停车院落，该院落服务于四拼住宅单元每户的双车库，并提供额外的每户两个室外停车位。大多数车库从街道上都无法看见。

一个3acre（12140.6m²）的自然植物保护区从三个方向环绕在安布利思的用地周围。50ft（15.2m）宽的隔离带包括了种类繁多的当地灌木和树种，包括常绿冷杉、雪松、桤木和枫树。除了为了保护西北部锐减的植物群外，这个隔离带也将居民与附近的交通和开发活动隔离开。

进入住宅区内部，可以看到一个0.5acre（2023.4m²）大的社区公园，它是社会活动、街区聚会、节日庆典的中心。从住宅中向公园看去，仿佛置身于传统的村庄的

5

图 4
0.5acre（2023.4m²）的公共空间通过景观设计被建设成社区公园。另外还有一个50ft（15.2m）宽的自然植物带从三个方向环绕着整个用地。

图 5
典型的四拼住宅平面，显示了连在一起的车库和停车院落。

图 6
朝向街道的车库向后退以减少对视觉影响。每户都有一个双车库和两个额外的街道停车位。建筑的外观形式多样，并由诸如雪松木屋顶、石材、木材和木板墙面等材料的使用被统一成整体。

绿色中。

住宅基块面积平均为5000ft²（464.5m²），院落面积与此相当，约为58ft × 74ft（17.7m × 22.6m）见方。住宅通常只退后人行道11ft（3.4m），或是由路缘向后退15ft（4.6m）。每个单元除了有面向街道的更为公共化的前院景观，还有一个隐藏在住宅一层楼背后的围合小内院。从公共区域可见的景观区由一个业主委员会负责维持。

安布利思提供5种单元平面，范围从双卧室（或小房间）的1457ft²（135.4m²）住宅至三卧室的2192ft²（203.6m²）住宅。其中4种住宅的主卧室位于底层，其主要目标是优先考虑空巢家庭的市场需求。Loft则有1～2间卧室，为使空间更高大，层高达9ft（2.7m），这是房地产市场中等售价的同类住宅的标准层高。

该项目平均每月出售4套。正如最初的市场研究那样，住宅的买主多为空巢家庭，一小部分是年轻单身或丁客家庭。最初定价从205000～244500美元，至全部售完时，最大套型的价格已升至30万美元。

在州社区发展管理政策强制执行时期，土地供应量有限，从而使土地成本不断上涨。安布利思为郊区填空性住宅开发提供了成功的模式。实际上，这种四拼住宅的设计方法在包括佐治亚州（Georgia）的亚特兰大、印第安那州（Indiana）的拉斐特（Lafayette）和伊利诺伊州等地已经运用。该项目通过创新的总体设计、集中的建筑和细部，以及景观设计，成功地达到了建筑师克里格最初"感受不到拥挤的住宅区"的目标，进而超越了一般郊区住宅的模式。

6

实例研究

安布利思

米尔克里克，华盛顿

7

用地指标

总用地	15.16acre
总住宅数	88
总毛密度	5.8 户 / acre（包括自然植物带和乡村花园）
住宅类型	双拼，四拼住宅
平均占地面积	+/ − 5000ft² (464.5m²)
居住毛密度	7.6 户 / acre
总车位	352 辆（加街道停车）
停车率	4 辆 / 户（加街道停车）
建成时间	1998 年秋

注 1acre=4046.86m²。

用地规划

	acre	百分比
住宅	10.10	66.7%
游憩 / 美化带	0.50	3.3%
道路 / 停车	1.52	10.0%
开敞空间	3.04	20.0%
总计	15.16	100.0%

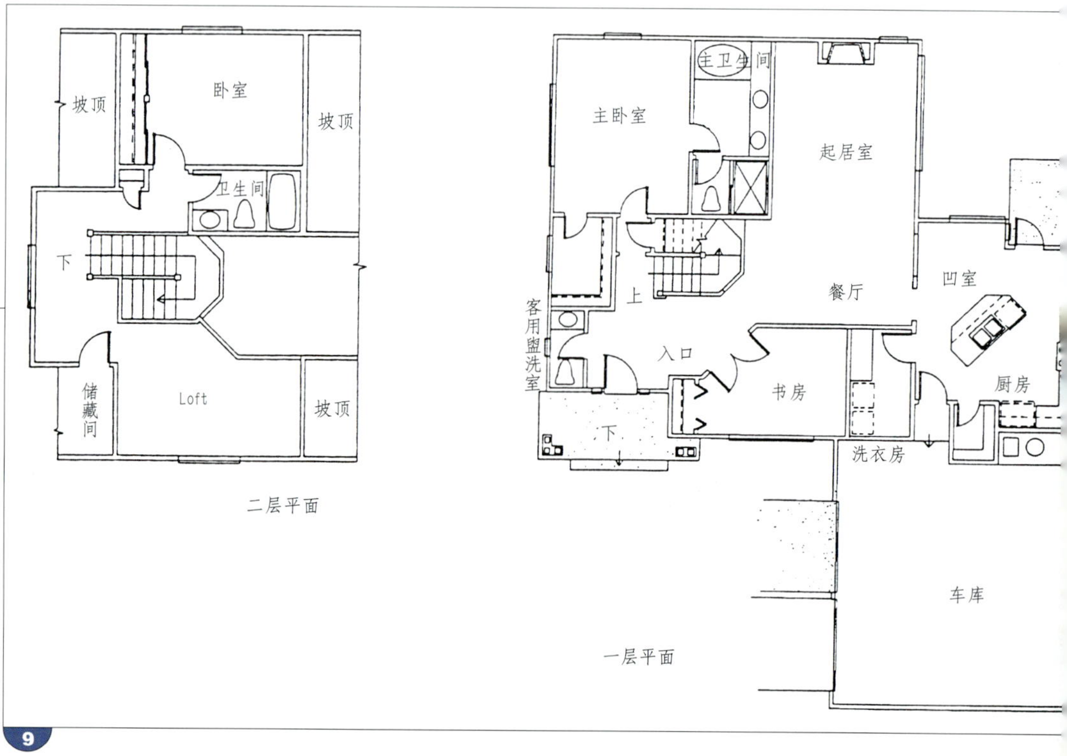

9

图 7、图 8
即使从后部，也能感受到犹如独立式住宅社区的氛围。
共用的车道和停车院落有助于减少地面铺装的面积。

图 9
标准单元一层平面。

开发费用（美元）

	总计	单元成本	居住成本／ft^2
土地征集费用	1714000	19477	10.49
建设场地改善费用	3101989	35250	18.98
建造费用	12691977	144227	77.67
软成本	2088972	23738	12.78
总计成本	19596938	222692	119.92

单元指标

住宅类型	占地面积（ft^2）	建筑面积（ft^2）	规划／已建成数	最终售价／出租价（美元）
双卧 +Loft 双卫	5200	1790	16/16	225500
双卧双卫	4800	1882	22/22	252500
双卧单卫	5000	1451	12/12	262500
三卧双卫	5000	1656	21/21	265500
三卧 +Loft 双卫	5000	2192	20/20	285900

注 $1ft^2=9.29\times10^{-2}m^2$。

8

实例研究

哈伯城

孟菲斯，田纳西

哈伯城至1999年已有10年的历史，这使它成为一个较早的，又最成功的新都市主义社区之一。占地135acre（546325.6m^2）的哈伯城位于穆达岛（Mud Island），实际上受到孟菲斯商业区的影响。哈伯城大部分工程现在已基本完工，它让人们感受到了传统城镇的特点：网格式街道、明确的步行走向、设计规整的广场以及基于传统原型的建筑风格。同其他老城镇一样，哈伯城也有成功的房型组合，人们即可以找到800美元／月的出租公寓，也有相邻不远的售价80万美元的临水住宅。

10年后，计划中的875套住宅已建成818套，其中大约一半用于出售（大部分是独立式独户住宅），剩下的是出租公寓。已经建成的还有一所蒙台梭利学校（Montessori School），一个有50个泊位的船坞，包括商店、服务在内的多用途社区中心和一家面积为6500ft^2（603.9m^2）的食品杂货店。接着社区中心之后，靠近高级公寓的游艇俱乐部和办公楼[总计53500ft^2（4970.3m^2）]有望在1999年底建成。

哈伯城显示了开发商亨利·特利（Henry Turely）的独到眼光。早在20世纪80年代后期，他就被誉为富于想像力的"孟菲斯式"开发商，那时他抓住机会，建造了一个类似于他成长时居住的孟菲斯邻里的新商业社区。特利回忆说："正是我的邻里意味着一切——它暗示着所有可能的生活方式和所有层次的居民。"特利希望在哈伯城中重新创造这种邻里气质，以及由此带来的社区感受。

注 本实例研究的图片由卢尼·里克斯·基斯建筑事务所提供。

哈伯城的基地穆达岛是在20世纪初沿着密西西比河东岸沙地天然形成的。20世纪60年代，该岛在

1

2

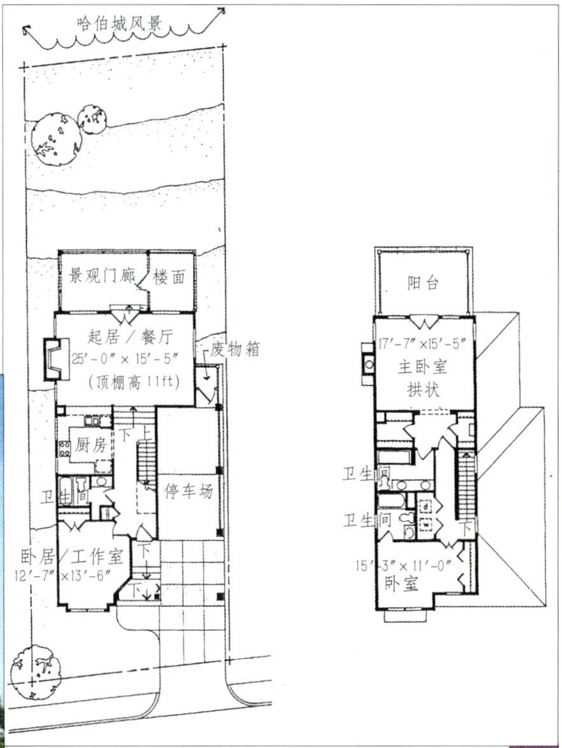

（图中尺寸为英制，1in=2.54×10^{-2}m。）

4

3

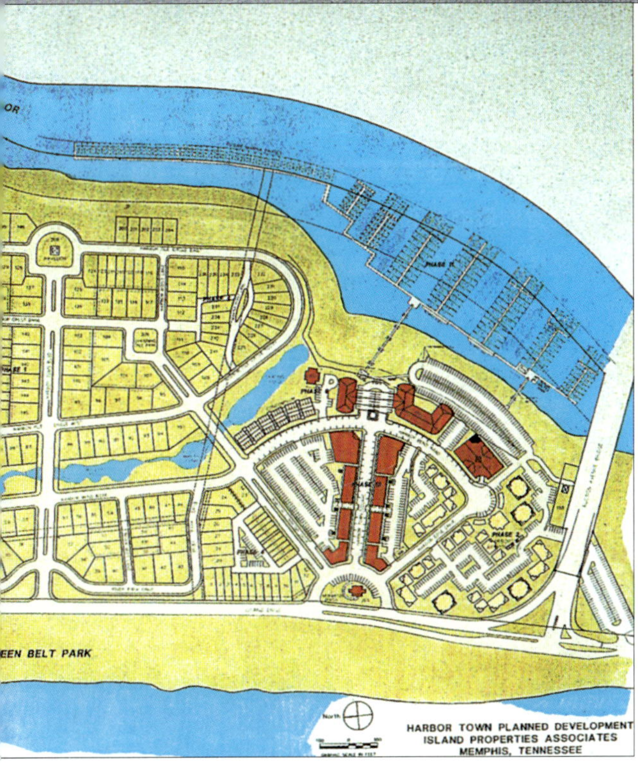

图 1、图 3

哈伯城最小的房屋也是很有趣味的实例。传统的面南的盒子式住宅（编者注——即类似中国大进深小面宽的住宅类型）和两层高的小别墅是25～30ft（7.6～9.1m）地块上独立式住宅的原型。虽然其形式是传统的，但却显示出现代风格。

图 2

哈伯城 135acre（546325.6m^2）地占据了穆达岛一部分，从孟菲斯商业区穿过密西西比河即可到达。哈伯城的城镇中心设有一个社区商店和一些服务部门。

图 4

两层的小别墅平面图。

5

美国陆军工程部（U.S. Army Corps of Engineers）对百年洪泛平原疏浚后开始显露出来。但这一区域一直未曾开发，直到80年代中期一座桥梁把它与孟菲斯商业区联系起来。开发商特利和他的合作者在1987年接手了这块地。

由RTKL事务所设计的哈伯城总体平面，是由网格状道路划分的地块上叠加一系列放射状大道构成。放射状的大道打开了用地的视线，从用地内可以看到密西西比河和商业区的天际线。而这些放射状大道和主要街道最终汇聚到社区花园，构成社区内部私人住宅的视觉和心理的焦点。穿过基地中心的保留自然面貌的湿地被设计成尤如小溪和一组水塘，在社区里创造出自然而独特的边界。一条1.2mile（1931.2m）自然形成的小路穿过公园，其中包括了一些休息区域。位于社区南面的城镇中心继续着放射状路网和一些节点相结合的形式体系。

最初的总体规划将用地划分为有前部车道的50ft（15.2m）宽的小块基地，随后的修改方案也提供了后部通道和多种宽度尺寸的基地。最小的独户住宅基地宽度只有25ft（7.6m）。按照设计小路/小基地改进计划的建筑师J.卡森·卢尼的说法，"我们创造了多样化的基地尺寸，以吸引不被市场重视但很重要的那部分人群。在远离河流和缺少特色的基地内部，创造多样化的住宅类型和价格显得非常重要。"

为创造更亲密、更有步行尺度的社区，哈伯城内部街道即窄又短，建筑后退距离也较小。一般街道宽度为44ft（13.4m），包括两边停车，街道路缘间的距离为28ft（8.5m）。平静的交通效果显而易见的，卢尼说："社区内部所有地方都无法开车达到15mile/h（24.1km/h）的速度。"审批过程中，社区并不对这种窄拥有所有权，而要求哈伯城的街道私人化。但经过时间证明，这样的窄街创造了更适于居住的环境，其设计原则成为孟菲斯地区其他公共街道的榜样。

社区中的独立式住宅通常从建筑红线后退10～15ft（3.0～4.6m）。多数实例中的车库不沿着街道，由后部的通道进入好似相邻住宅的附属用房的车库。而在车库沿街道建设的住宅中，车库被退后布置于后部——有的住宅还在车库上加建一层门廊，使其对视觉的影响减至最小。

该项目从1989年开始建造。最初开发商发现，设计者、建造者和购买者难以理解既定的设计原则，为此卢尼·里克斯·基斯事务所（LRK）建立了一系列视觉设计指导性规则，用一种易懂的"做"或"不做"来表达开发商的视觉构思。这个指导性规则没有描述任何特定的建筑风格，而是给出了诸如沿街立面、尺度和比例、材料和关键细部等内容。为支持传统建筑语言，指导性规则同样也做了说明，例如窗户为垂直型而不是水平型，入口门廊比地坪

图 5
哈伯城新乡土规划由叠加于网络街道上的放射系统组成。

图 6
不断重复的古典形式的韵律构成完整的街景。

6

7

高 24～30in（0.6～0.8m）等。为使社区达到美学上的一致性，设计原则保证了窄小基地上建设的低价的住宅在设计水平和质量上与相对较贵的住宅协调一致——按照建筑师卢尼的说法，这是混合售价成功的关键。

虽然在这里有 12 位不同建筑师为 20 个营造商设计住宅，但LRK 仍设计了哈伯城中 65% 的独立式住宅和Townhouse。大多数住宅设计是在当地建筑形式基础上的创新，包括了"查尔斯顿侧院住宅"到风格简朴而外观统一的盒子式住宅各种形式，尽管有些住宅的细部设计很现代。

由LRK设计的小地块住宅也不乏趣味和革新。基地尺寸为 25～30ft（7.6～9.1m）宽，100～110ft（30.5～33.5m）长的这些住宅，普遍采用了侧院设计，一间（有时是两间）房间宽带有巷道停车。许多住宅单元都有入口门廊和二层阳台与街道相联系。有些设计中的门廊围绕建筑面向侧院，创造出延伸至室外的遮蔽空间。院落本身安排得也十分有效，包括天井和院子的每一个区域都能观察到，从而保证了它们的私密性。8ft（2.4m）高的门、10ft（3.0m）高的天花等建筑细节的使用，可以抵消基地面积小的缺点，使人感觉它比实际尺寸更宽敞。

经过LRK 的细致设计，小基地的住宅同样显得很好用。小基地上的住宅面向社区花园，这就可以向公共开放空间借景。虽然这里没有河流景观，但面向社区花园的住宅仍然热销，售价也不断上涨。

最初，哈伯城向建造者和购买者的推销都比较困难。城市新的发展总是出现在东部而不是郊区。由此，该项目需要投入大量的精力和很高的成本——即要鼓动建造商来此建设，也要房地产经纪人鼓动

9

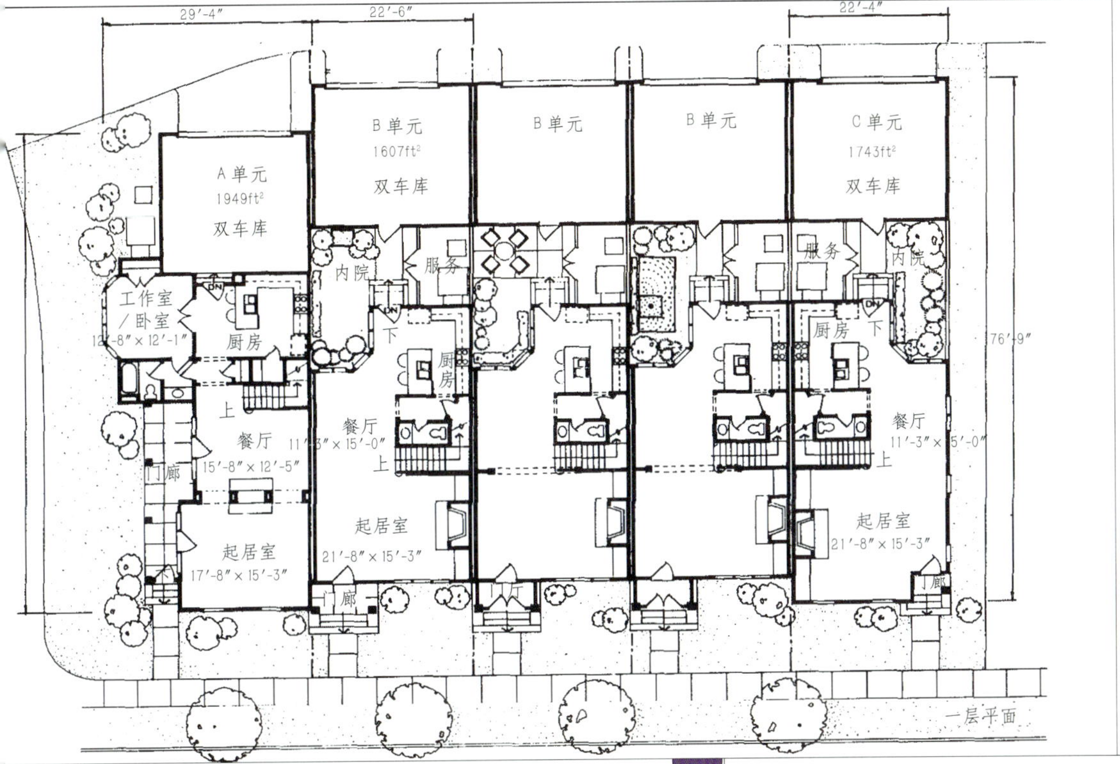

8

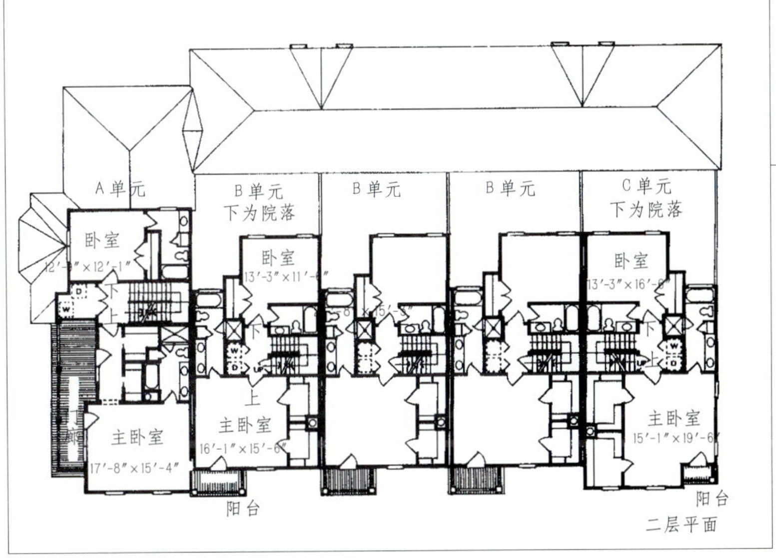

(图中尺寸为英制，1in=2.54 × 10^{-2}m。)

图 7

一排Townhouse，采用了古典的南部殖民地式处理手法，有着大的独立式住宅的外观。每个单元都包括独立的双车库和私人室外院落、或者是延伸到住宅侧面的门廊。

图 8

联立式住宅的底层和二层平面。

图 9

哈伯城的规划和设计原则，允许有从出租公寓到传统住宅的多种建筑类型并存，建筑风格多样化，从传统南部风格到纯净的现代风格都综合在社区建筑中。

潜在的客户的参观。而将住宅出售给有孩子的家庭还要面对更大的困难，为给予社区可以选择的学校，因而开发商特利一开始就提供了平均每个孩子1200美元的优惠条件。现在位于社区内的蒙台梭利学校已建成，规模也扩大了2倍。

通过上述举措以及社区自身的设计——从入口门廊到邻里车位等所有的细节，该社区已赢得了许多有孩子的家庭入住。所有这些再加上选择范围很大的住宅类型和价格，因而吸引了不同范围的购买者，包括空巢家庭、单身家庭和职业夫妻以及有孩子的家庭。同样，在社区设计原则的保护下，哈伯城已经能够将传统住宅、设计的住宅和实际建造的住宅的混合整合在一起。

当该项目进入到最后阶段时，很多迹象都表明家庭购买者普遍注意到了其专业设计的质量。在城市土地利用学会（ULI）1999年出版的《新都市主义价值》（Valuing the New Urbanism）一书中就指出，由于该社区完善的设计，使它与市场中其他住宅相比利润提高了25%。

亨利·特利在总结他的观念时，进行了富有哲理的思考："一个社区要做的就是提供一切所需——或者至少它更完善，变得更好——并使其与我们的期望一致。它是这样一个场所：我们和邻里间的生活富足、有意义，我们的邻居知道我们的名字。"这里仍有许多期望，但它也表明哈伯城比大多数房产项目更接近目标。

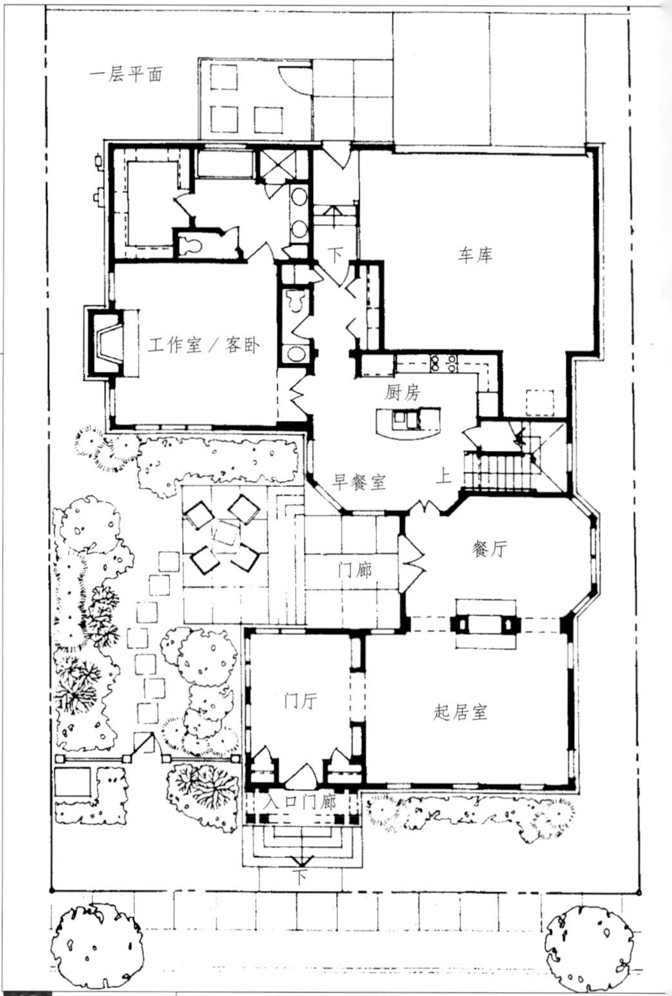

10

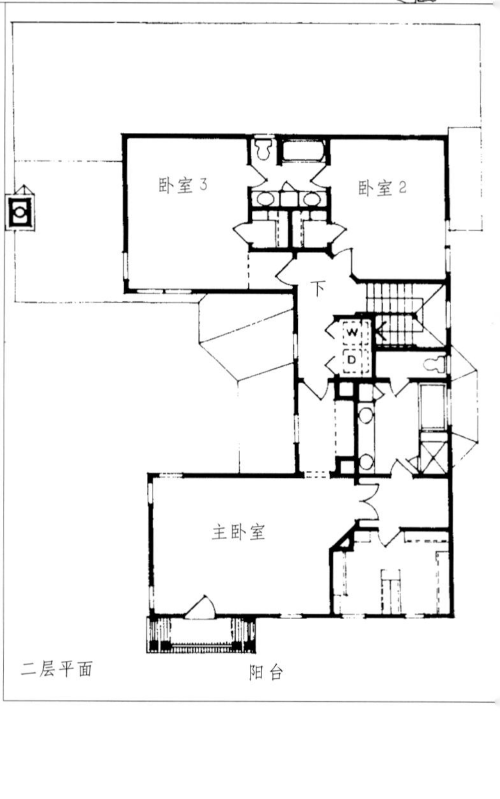

图 10
一层和二层平面。

图 11
在传统立面背后，一个开放的现代生活方式的平面布局包括：底层客房、相连的双车库和一个私人室外院落。社区内随处可见比例和细部都十分协调的建筑。所有房屋都遵从设计原则，设计原则确定住宅的比例、材料和一致的元素，而不是建筑风格。

实例研究

哈伯城

孟菲斯，田纳西

用地指标

总用地	约135acre
总住宅数	875
总毛密度	6.48户／acre
住宅类型	独立式独户住宅、Townhouse、公寓、住户自有住宅
占地面积	2500～7000 ft^2
居住毛密度	9.6户／acre
总车位	1750辆
停车率	2辆／户（加街道停车）
建成时间	2000年

用地规划

	acre	百分比
住宅	70.5	52.22%
游憩／美化带	9.0	6.70%
道路／停车	21.0	15.55%
开敞空间	27.0	20.03%
其他	7.5	5.52%
总计	135.0	100.00%

注 1acre=4046.86m^2。

12

图12

哈伯城克雷斯特联立住宅（Crest Row Houses）展示了另一种30ft（9.1m）地块的处理方法。住宅采用高大的天花和高窗创造出更大的空间感。受当地传统住宅启发设计的延伸到住宅侧面的门廊，在两个层次上提供了室外私人生活空间。

图13

正如新都市主义社区的普遍做法，大多数车库位于建筑后部，可由车道到达。

13

开发费用（美元）

	总计	单元成本（美元）
土地征集费用	2251470	2573
建设场地改善费用	1750000	2000
建造费用	6550000	7486
软成本	5500000	6285
总计成本	16051470	18344

单元指标

住宅类型	建筑面积（ft^2）	规划／已建成数	最终售价或租价（美元）
独立式住宅	1300～6500	396/351	115000～1000000
Townhouse	1200～1700	35/35	120000～180000
公寓	630～1500	420/420	550～1200
自有住宅	1200～2400	24/12	250000～350000
总计		875/818	

注 $1ft^2=9.29\times10^{-2}m^2$。

奥伦克站社区

希尔斯伯勒，俄勒冈

科斯塔太平洋之家公司（Costa Pacific Homes）的吕迪·卡德武博（Rudy Kadlub）总结奥伦克车站（Orenco Station）开发背后的哲理时说，"那是一个可以步行去买一夸脱牛奶的社区。"正如他所说，这座位于俄勒冈波特兰市（Portland，Oregon）西郊占地190acre（768903.4m^2）的新社区，是一个定位于徒

1

Ed Hershberger

2

图 1、图 2
规划紧凑的奥伦克车站占地190 acre（768903.4m²）。社区内的邻里花园缓和了以行人定位的社区密度。

图 3
城镇中心包括为邻里定位的商店和服务设施，一个零售中心为大零售商提供空间。大多数住户都可徒步到达这两个中心和交通站。

步行走、多用途的综合社区。其主要开发商太平洋房地产公司（Pacific Realty Associates）负责社区的总平面规划，合作伙伴派克信贷公司（Pac Trust）设计了1834套住宅单元以及零售建筑和办公建筑。紧凑的设计包括多样的住宅类型，从独立式独户住宅到建在车库上的单元，到商住单元和商店上层的公寓等各种类型。社区的主要特征由一个被开发团队称为“珍珠链”的大大小小的开放空间和迷你花园的形式系统构成，汇聚在新投入使用的马克斯（Tri–Met Max）轻轨列车奥伦克车站，这座车站联系着波特兰的商业中心和郊区。

最初社区的用地属于工业用地，后来改为细分为小地块的住宅用地，现在作为这一社区的用地是基于波特兰默特罗区域2040规划中将该地块定为了“城镇中心”。规划确立了从轻轨铁路站随着距离的变化而变化的住宅密度指标，以及对多用途的开发要求。在该区域没有这种高密度和多用途开发的先例的情况下，派克信托公司在首席执行官彼得·贝

4

Ed Hershberger

Ed Hershberger

5

群（Peter Bechen）及合作建筑师肯·格兰姆斯（Ken Grimes）指导下，组建了一支由建筑师、工程师和住宅建设者组成的队伍以探究这一在当地的房地产开发中的未知领域。

作为研究的一部分，市场调查围绕着周边的高技术实验室里的工作人员展开，以确定对设计和住宅的喜好，则并确定相关的承受能力的事项。调查和随后的重点分组研究显示了人们对老波特兰郊区的观点和感受：它拥有工匠式和乡村式风格的住宅、风景如画的玫瑰花园、古老的社区小店。研究反映出怀旧的色彩，但也必须与高密度、有交通定位的、适宜居住的开发概念相适应。经过两年的讨论，设计研究，以及与城市、州的协调和交通部门的保证，最终形成了该社区的基于业主要求的分区原则，被称为"车站社区居住村"（station community residential village）或SCRV，这一设计原则得以形成和保持社区内住宅类型以及郊区不常见的和土地利用的多样化和都市型的综合。

轻轨铁路站位于社区南部边缘，是社区总体设计的原生要素。社区中基本的交通网络（包括车道和人行道）以车站为轴心，通向城镇中心并在一个正式的村庄广场达到高潮。二级的交通网和一系列的开敞空间从这条有着仪式感的"脊"旁边发散出去。开敞空间和道路网具有仪式特质，意图创造出一种场所感和社区感。街景终止于一些强烈的视觉元素，例如每个村庄广场端部受古典形式启发的藤架——通过这些设计手法，以及一组小型迷你公园的明智安排，开发商和建筑师描绘出一种鼓励步行的规划，并且在更哲学的层面上，鼓励更加社区化的生活方式。

城镇中心位于从轻轨车站开始的南北轴线和科内尔（Cornell）大街相交的地方，科内尔大街是用地现状中的一条主要干道，它把社区一分为二。由弗莱彻－法尔－艾奥特建筑师事务所（Fletcher Farr Ayotte Architects）设计的城镇中心为小型邻里零售商店提供了空间，其中还包括一个咖啡店和啤酒馆。这些零售商店计划在1999年夏天开业，其中一些零售商店采用了可以卷起的前门，沿着宽达17ft（5.2m）的人行道可以安排室外就餐。办公用房和住宅位于这些商业建筑的二层和三层。

居住区域设计中采用了一些措施加强步行和社区定位。居住区域内的街道宽度减到最小[一边停车的街宽25ft（7.6m）]，人行道呈球茎状，以使交叉

图 4
社区中心底层为商业用房，上层是办公室和住宅。有些建筑有玻璃卷门，可以在门前 17ft (5.2m) 宽的人行道上安排咖啡座。

图 5
轻轨交通网把奥伦克车站和波特兰商业区及周围地区联系起来。街道和人行道的设计则鼓励人们采用步行交通方式。

图 6
总体规划包括 1834 套住宅单元，从生活/工作Loft到独户住宅，类型众多。

口变窄并减缓车行速度。为进一步减少机动车的影响，社区总体规划中提供了小路（"机动车小路"）停车通道，因而没有了通常影响建筑前立面外观的车库大门以及遍布社区的路缘与车道。为减少成本，机动车小路的铺装宽16ft (4.9m)，在车库面对面的24ft（7.3m）的范围内则全部做了铺装，车库前铺装间的空地则种植了花木，柔化了车道的景观。

该社区中独立式住宅的面积相对较小，面积为3680～4500ft^2（341.9～418.1m^2），最小的地块通常只有40ft（12.2m）宽。住宅单元从用地的一个侧面红线退让5ft（1.5m），这5ft（1.5m）院子赋予了相邻住宅用地应有的采光权，由此，加上相邻用地上的"被动使用"采光空间，沿住宅的整个进深最终形成了一个12～15ft（3.7～4.6m）宽的可利用侧院[在40ft（12.2m）宽的地块中]。房屋的位置与相对更传统的地界零线（即建筑沿线建造——译注）布置相似，即每栋住宅的底面边界都可以占满整个地块（一种零距离后退）。不同的是在地界零线布局中，窗户不允许开在占边界一侧的建筑立面上，此墙也要求有1小时的防火等级。通过后退红线5ft（1.5m），并赋予住宅采光权，社区中的住宅就获得了与采用地界零线方式设计的住宅净尺寸相同的院子，而又

图7、图8
基于消费者调查，设计大纲源于对老波特兰郊区流行的工匠式和乡村风格住宅的样式反映。

图9
一个双卧室乡村住宅平面，有可供选择的附属用房单元。

可以在这一侧立面上开窗。在此，通过将窗户开得高一些避免了对邻里院子的视线干扰。

社区中的住宅被置于离街道较近的位置，Townhouse向街道后退的最大距离为8ft（2.4m），独立住宅则有13～19ft（4.0～5.8m）。立面设计以波特兰当地的工匠式和英国乡村别墅式为原型，且大多数住宅都有入口门廊。该社区像许多波特兰老社区一样，住宅单元高于人行道，以提供愉悦的私人生活空间，而那些比一般住宅中小一些的前院后退和入口门廊则是希望营造出更生动、更有吸引力的街道生活。

开发小组十分慎重地对待车库上部的附属用房或房车式附属用房的实施，因为这些空间就像小住宅单元与大的主要的住宅并置一样，并未得到市场的验证。根据购买者的意图，面积为514ft^2（47.8m^2）的附属用房有两种不同的平面结构，一种是工作室（一个大房间、浴室和小储藏间），另一种为公寓（起居室、卧室、厨房和浴室）。大约1/3的购买者买下了附属用房，大多数选择了公寓，目前售价是49500美元的公寓型。

附加空间的用途后来发生了改变。有的户主把它当作办公室或客人套房，另外一些户主则将其作为出租公寓。附属用房有独立合法的地址，可由车道和室外楼梯直接进入。住宅基地的后部专为每个附属用房设有一个车位，附属居住单元内的窗户可以俯看车道，上楼梯后有一个小门廊，可以观察车道并提供活动空间。

该项目的住宅单元面积相对较小：独立式从1400～1700ft^2（130.1～157.9m^2），包括双卧和三卧两种模式，有些模式有着灵活空间，可以转变成三卧至四卧的住宅。为响应正在浮现的生活模式和业主的喜好，所有住宅都设有家庭办公空间，较有代表性的是一个小凹室或是与二层楼梯平台相分离的开敞空间。同时每个居单元都装有宽带，供计算机

9

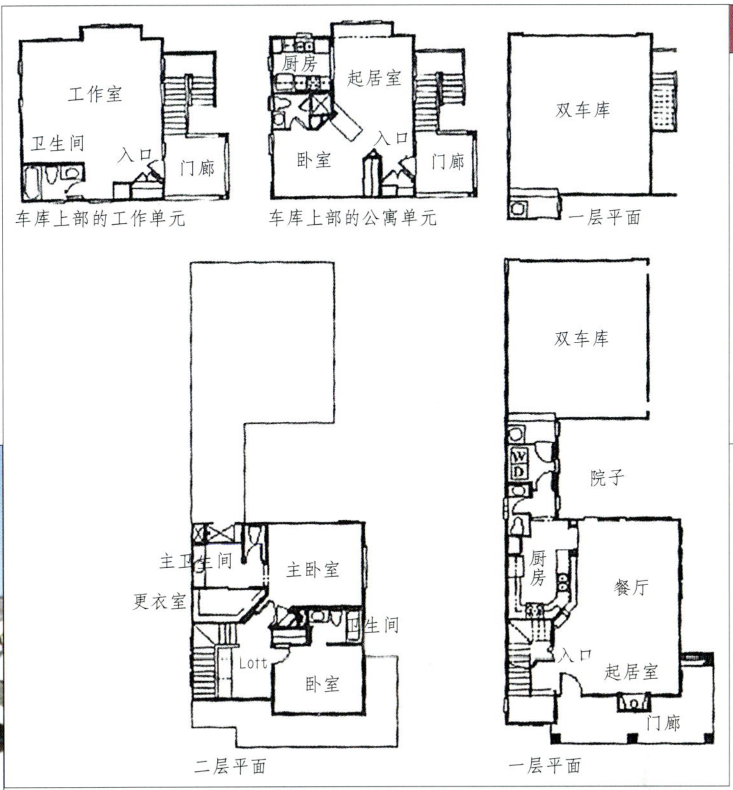

8

间的交流。

与传统用地划分不同，这里的三联或四联结构的 Townhouse 与独立式独户住宅结合在一起，常常坐落于独立式住宅组团的尽端。正如住宅设计师李·艾弗森（Lee Iverson）所说“社区里的Townhouse没有被隔离在围栏中”。从建筑外观来看，Townhouse 如同独立式住宅的“表亲”，有着不对称和多样化的立面与入口。

其他由FFA 事务所设计的住宅位于镇中心零售商店的上层。FFA 还设计了镇中心后面一组三层楼的商住单元，它们可以提供底层专业办公（工作）室及两层的居住空间。

按照 CRP 的吕迪·卡德武博的预期，奥伦克站的销售超过了工程进展。平均 7.5 套／月，价格在该地区平均值的基础上上涨了 20%～30%。经过统计，其购买者主要是单身、职业夫妻和空巢家庭。正如预料的那样，由于社区的小基块小面积设计，只有很少的买主是有孩子的家庭。

奥伦克站的经验表明，高密度和混合型住宅类型可以在郊区市场获得成功。帕克信贷公司及其设计组认为，成功的关键在于把注意力尽可能放在公共区域，从而弥补了提供给业主是较小的私人空间。虽然社区中心尚未建成，但在邮购传单中，其社区和徒步交通定位已经作为在这里安家的首要原因被加以引用说明。

实例研究

奥伦克站社区

希尔斯巴勒，俄勒冈

用地指标

总用地	61.2acre❶
总住宅数	446
总毛密度	7.3户／acre
住宅类型	独立式住宅、Townhouse、住户自有住宅
占地面积	$3000ft^2$
居住毛密度	10.85户／acre
总车位	835辆
停车率	1.9辆／户
建成时间	2001年（估计）

❶总体规划共有190acre。

注 1acre=4046.86m^2。

用地规划

	英亩	百分比
住宅	30.2	49.4%
游憩／美化带	1.1	1.7%
道路／停车	20.1	32.8%
开敞空间	7.8	12.7%
其他（综合用途）	2.0	3.3%
总计	61.2	100.0%

10

图 10、图 11
城镇中心。

图 12
城镇中心大空间住宅平面。

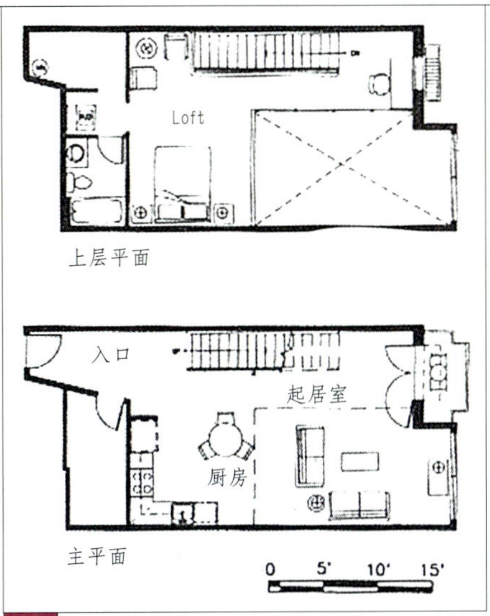

开发费用（美元）

	总计	单元成本	居住成本 / ft²
土地征集费用	5400000	12100	8.52
建设场地改善费用	12000000	26900	18.92
建造费用	45800000	102700	72.23
软成本	13100000	29400	20.66
总计成本	76300000	171100	120.33

单元指标

住宅类型	占地面积（ft²）	建筑面积（ft²）	规划 / 已建成数	目前售价（美元）
独立式				
双卧双卫	4500	1427	42/25	194000
双卧单卫	4500	1447	43/26	195000
三卧双卫	4500	1691	44/27	207000
三卧双卫	4500	1706	45/28	222000
Townhouse				
双卧单卫	3500	1208	27/17	164000
双卧双卫	3500	1446	34/20	178000
双卧双卫	3500	1669	27/17	187000
大空间住户自有住宅				
工作室和双卧双卫	2000	712～1945	无	129900 以上

注　$1ft^2=9.29\times10^{-2}m^2$。

克劳福德广场

匹兹堡，宾夕法尼亚

克劳福德广场弥补了匹兹堡城市结构中的一个巨大的缺憾。该项目拥有426套住宅，占据了城市中巨大的空闲地带——20世纪60年代动荡之后为城市重建而清理准备出的一块18 acre ($72843.5m^2$)土地，并使其重新融入现实社区结构中。它是独立式住宅和多联式住宅、出租和销售、市场价与经济适用房的混合，其设计在渴望与希尔区 (Hill District) 在建筑与社会层面的细微差别的热切关注中产生。

希尔区位于匹兹堡商业区东部边缘，曾经是以爵士俱乐部和多样化的生活而闻名的繁荣社区。马丁·路德·金 (Martin Luther King) 被暗杀后的动荡使该地区遭到严重的打击。随着附近城市露天剧场的建设，这里的住宅遭到大规模毁坏，该地区的邻里关系遭受到了进一步破坏。由于成千上万的下希尔区 (Lower Hill) 居民让位于剧场和停车场，该社区为避免进一步的商业化入侵，确定了克劳福德大街的红线。

20世纪80年代后期，匹兹堡的城市再开发管理委员会 (URA，the Urban Redevelopment Authority) 获得了克劳福德广场开发第一阶段的大部分土地，

注 本实例的图片由城市设计联合事务所提供。

2

图 1、图 2

位于商业区办公塔楼群之中，克劳福德广场在希尔区回归到传统的城市邻里，以代替20世纪60年代后那些绝大部分已消失城市复兴的状态。

图 3

位于城市文脉中的总平面。

4

并发布了邀约，要开发商提资质证明。凭借成功的老城区再开发的强大影响，圣路易斯的开发公司麦科马克－巴伦联合公司（McCormack Baron Associates）被选择作为此项目的开发商。随后，又邀请在老城区再开发项目中有良好声誉的匹兹堡的城市设计联合事务所（UDA，Pittsburgh-based Urban Design Associates）进行总体规划。

总体规划的进程得到公众参与的指导，并深受其影响，为此，成立了一个由社区领导、住户和开发商组成的项目委员会。经过多次会议之后，产生了明确的纲领：建设一个传统的匹兹堡住区，恢复类似老东端区（East End）的邻里尺度、密度和建筑风格。UDA组织了正式的调查来确定这些邻里的个性特征，并将设计原则融入总体规划设计纲领中。

根据统计，项目委员会希望建立一个包括广泛的收入阶层的邻里，包括价格差异很大的公寓、Townhouse和独立式住宅等各种类型。他们坚定地认为，该项目不应有资助的廉价住宅项目那样的外观，而应该设计成与完全市场等级的项目同样具有高质量的标准和舒适度。在建造中，大约有一半的出租公寓是有资助的，但与市场等级的单元很难区分。除此之外，资助住宅在工程中与其他类型住宅混在一起，进一步模糊它们身份。

UDA的总体规划希望该项目能恢复希尔区邻里关系中优秀的特质。用地内的道路和地块设计成网格状；并与相邻的城市道路连接，每个地块根据与共相邻的开发有着各自的特征和尺度。连接独立式住宅最窄的道路肩到肩宽30ft（9.1m），连接Townhouse和公寓的道路稍宽，为40ft（12.2m）。

总体规划在寻求重新建立起与希尔区和城市核心区的联系的，同时，也涉及了减少通过社区的机动交通噪声的措施。例如，新的感化院广场就用道路中间宽阔的树林带将道路分开并减缓通过社区的车行速度。与此类似，社区的某些道路交叉口设计成球茎状以减缓车速并在十字路口设置停车标记。

与现在附近的商业区做法不同，该社区的总体规划没有加入零售业或其他商业开发。事实上，社区不断入住的新居民的吸引来了一家靠近克劳福德广场的菲尼克斯山购物中心（Phoenix Hill Shopping Center）的新超市的开张。

UDA在这块老城区用地的项目中引入了新都市主义原则——克劳福德广场的设计方针是让住宅靠近街道并鼓励建造门廊。建筑后退红线一般为20～25ft（6.1～7.6m），但不包括突出的入口门廊。基地15°的陡坡使该社区不能建造传统的小胡同和后部车库，建造在前部的车库设计得比入口门廊低12ft（3.7m），从而在视觉上减小了车库的体量。公寓和Townhouse围绕停车场而建，从而遮挡了停车

场，进入停车场时需要使用电子钥匙卡。

总体规划要求社区住宅采用在“东端”（East End）采用常见的殖民地复兴风格，这种风格的住宅高大，并有着窄窗、凸窗、老虎窗、面对街道的山墙等形式要素。建筑立面采用砖和护墙壁板，使建筑有质量上乘和稳定性好的感觉。所有的房屋，包括独立式、多联式和公寓均为2～3层，带前庭与后院，公寓大楼和Townhouse带有后院。为避免外观像“切块的点心”，同一地块内的建筑采用了多样的类型，并且一组Townhouse不超过5个单元，Townhouse前部的平面也各不相同。同时，为鼓励多样化的设计，社区第二、第三阶段的设计选用了不同的建筑公司。

该社区的娱乐设施包括供居民使用的一个社区中心和游泳池。为使其进一步与其他更大范围的社区联系，规划中还设计了三个新的公园。

住户安全是社区设计中被关注的关键问题。使入口门廊和住宅靠近街道不仅鼓励了居民间的相互交往，同时也是“把眼睛放在路上”，使其得到监督。同样，装饰简洁的路灯为邻里之间提供了良好的照明。总之，总体规划的意图就是不留下“未经设计的空间”。为进一步防止犯罪行为，还为城市中的一些警察提供了低租金的住房，以鼓励他们重新回到社区中。尽管起初人们有些担心，但这里几乎没有什么犯罪行为。

图4
位于城市网络中的邻里公园为居民提供了开敞空间。

图5
公寓区延续了独立住宅区的邻里特征和尺度。街道呈球茎状以减缓交通而没有阻止机动车辆的通行。

图6、图7
独立式住宅的风格和形式与20世纪早期东端区建造的邻里很相似，由于匹兹堡的山区地形特征，通常车库地坪较低，由住宅前面的斜坡车道进入。

图 8
典型 Townhouse 平面。

图 9
Townhouse以传统东端区双拼住宅为模型，并采用了中心对称的立面形式。

图 10
克劳福德广场确立的设计准则与20世纪初住宅设计手册类似，它确保在众多建造者、不同价格和不同开发阶段的条件下都具有同样的质量与特点。设计准则确定了后退、尺度、材料以及诸如窗、阳台和门等建筑元素的标准，而不是明确的住宅平面，但个人建造者需要把它们综合在一起。

8

10

工程的第一阶段完成于1993年，由203套出租公寓和Townhouse组成，其中一半是经济适用住房。在第二、第三阶段，基于住户意向和市场要求，减少了出租类住宅，增加了商品房屋。第二阶段完成于1995年，有71套新的出租单元和30栋商品住宅。2000年完成的第三阶段，有74套出租单元并增加了21套商品房。

因为减少了出租类住宅的建设，在第二、第三阶段，麦科马克·巴伦事务所联合希尔社区开发公司（the Hill Community Development Corporation）（HCDC）共同合作。巴伦事务所继续开发和管理出租单元，HCDC的任务是开发商品住宅。

该项目不适合常规的筹集资金的方式，它的总投入融合了复杂多样的资金方式——特别是第一阶段。除由开发商提供和因销售低收入家庭住宅而获得的税收减免外，还有其他4种资金来源，包括匹兹堡城市改造组织（贷款和补贴）；宾夕法尼亚住宅

9

基金会（贷款和债券收益）；由4家当地放贷机构组成的联合体：PNC银行、梅隆银行（Mellon Bank）、Dollar银行和Integra银行（贷款和补贴）；以及当地的基金联合体（资助）。麦科马克·巴伦事务所的副总文斯·贝内特（Vince Bennett）说："每个参与者都是必需的，可以为可信度增加砝码，从而鼓励其他人加入。任何合作者的撤离都可能令项目停工，资金危机的消息会降低社会信任度。保证工程不会牺牲质量和住宅类型而完成，由此该工程才能为一个广泛的人群接受。"

在任何以多种收入人群为对象的开发过程中，最令人关心的是吸引按市场价格租购住宅的居住者的能力，令开发团队惊喜的是，市场价的住宅比有补贴的廉价住宅出租得快，对出售的住宅的需求也超乎寻常的强烈。城镇中高质量住宅的需求受到的限制、克劳福德广场社区的特殊位置以及商业区景观共同形成了对不同经济能力、不同种族居民的吸引力。社区住宅的租金从一些每月300美元的单卧公寓到每月1200美元的三卧Townhouse不等。出售的住宅起价8.9万美元，有些在最后阶级开发的四卧单元住宅售价高达20万美元。这里80%的居民是非洲裔美国人，他们大多数是早先希尔区的居民，他们希望通过这里的全新的、高品质的实用的住宅找回他们以前的邻里关系。

克劳福德广场开发的第一阶段为购买者提供了特殊资金，以鼓励人们的购买行为。其中包括美国住宅和城市发展部门的1.5万美元的赠款和匹兹堡城市改造组织提供的2.5万美元的抵押低息贷款补贴。然而由于对这里住宅的出乎预料的强烈需求，这些举措在其后的阶段则大为缩减。

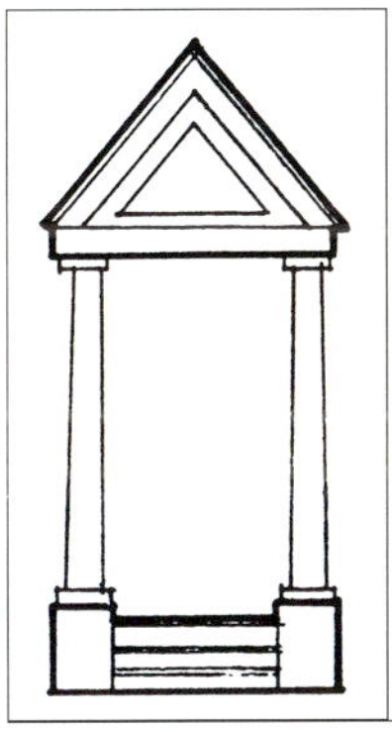

"它的影响就像它本身一样重要"，UDA项目经理巴里·朗（Barry Long）说，他补充道："该社区是新都市主义旧城改造最早的成功范例之一，也是未来此类开发的典范。"在克劳福德广场成功开发的基础上，社区和城市官方的代表们正计划对希尔区其他填充地块进行新的开发。

实例研究

克劳福德广场

匹兹堡，宾夕法尼亚

11

图11、图12
低层公寓与重建清理前原来希尔区的邻里尺度相呼应。

用地指标

总用地	24.0acre	
总住宅数	426（三个阶段）	
总毛密度	17.8户／acre	
总居住密度	18.4户／acre	
住宅类型	出租和出售公寓，Townhouse和独立式住宅	
总车位	304辆	
停车率	0.71辆／户	
建成时间	第一阶段	1993年
	第二阶段	1995年
	第三阶段	2000年

用地规划

	acre	百分比
住宅	15.2	63.3%
游憩／绿化带	0.8	3.4%
道路／停车❶	8.0	33.3%
总计	24.0	100.00%

❶包括项目中的公共街道。

注 1acre=4046.86m²。

12

开发费用（美元）

出租住宅	总　计	单元成本	居住成本／ft²
第一阶段	18667000	91955	109.28
第二阶段	8000000	112676	128.89
第三阶段	7285000	98445	无
总　计	33952000		
出售住宅			
第一阶段	3469871	128481	
第二阶段	4981025	166034	
总　计	8450896		

单元指标

住宅类型	数　量	面积范围（ft²）	售价／出租价（美元）	
			市场价	低价
第一阶段（出租）				
花园：单卧单卫	61	675～703	560	364
花园：双卧单卫	80	862	640	437
分开的 Townhouse：单卧单卫	21	696～698	600	364
分开的 Townhouse：双卧单卫	21	1154～1009	775	437
Townhouse：双卧双卫	12	1006	750	437
Townhouse：三卧双卫	8	1205	875	488
（出售）				
Townhouse	9	1200～1450	89500～138900	
独户住宅	18	1210～1820	无	
第二阶段（出租）				
花园：单卧	19	674（平均）	无	
花园：双卧	27	880（平均）	无	
Townhouse：双卧	15	880（平均）	无	
Townhouse：三卧	10	1230（平均）	无	
（出售）				
Townhouse	7	无	93900～141000	
独立式	23	无	无	
第三阶段	74	无	无	

注 $1ft^2=9.29\times10^{-2}m^2$。

林肯花园之舞

芝加哥，伊利诺伊

林肯花园之舞（The Pointe at Lincoln Park）是一个有154单元的Townhouse工程，位于芝加哥林肯花园社区的19世纪联立住宅中。用地以前是一座医院，石灰石和砖墙的Townhouse按照三角形街道网围绕在用地边，因而形成了一系列小的，并非常私密的内院。沿着穿越社区主要干道林肯大道的Townhouse为四层高，由叠在一起的单元组成，每个单元两层高。沿较安静街道一侧的住宅有三层高，背靠背的两排单元，形成面向街道和面向庭院的住宅单元。

这块用地的第一位开发商曾试图在7acre（28328m²）用地上重建造19层的塔楼，但立即遭到社区的反对，另一个建8层住宅的提议也未通过。针对这些失败的提议，MCL公司的提议选择了低层建筑：一个具有历史文脉的项目满足了相邻社区对延续历史的关注，同时也满足了开发商意欲建设一个有足够密度的项目以达成资金上的可行性的要求。

该社区从历史风格的相邻住宅中得到启示，将住宅置于靠近街道的位置。住宅单元沿用地前端红线后退11ft（3.4m），也即从路缘算起后退8～12ft（2.4～3.7m）。设计忠实于当地传统，铁门将人行道和小前院分开，单元入口成对布置在升起的石质台阶上。

林肯花园之舞的总体设计具有很强的形式逻辑，沿林肯大道进入社区，将穿过一对对称的"门楼"建筑。这对塔楼被称为"林肯大街文艺复兴之门"，实际上是被冠以圆锥形铜屋顶的四拼Townhouse。

沿林肯大道建筑中部的石灰石入口打破了Townhouse长长的立面，也使人们可以通过人行通道进入内部开敞空间并到达住宅入口。这些饰以拱券

1

Adrienne Schmitz

3

图 1、图 2
林肯花园之舞，是一个叠在一起的双层单元的豪华开发项目住宅大门直接开向城市街道。前部的台阶、铁栅栏、石灰石和砖墙立面在当代形式中表现出芝加哥的传统建筑风格。

图 3
匀称的平面结合了行人步行街和私人景观空间。

2

和柱子的人行通道与林肯大道垂直，感觉上即正式又隆重，并且特别开放，虽然没有大门和栏杆，这些狭窄的通道却可以自我监管。MCL 主席丹 · 麦克莱恩（Dan McLean）说："任何不住这里的人都不属于这个空间"。这些通道被住户们精心管理着。

"上下" 叠在一起的住宅单元的车库位于车库层，由建筑后部车道可以到达，每个单元有一个单车库和一个建筑用道的停车位。下部单元的住户可直接通过车库进入住宅，上部单元的住户则需上至 3 层和 4 层，到达自家的起居室。

背靠背的住宅单元在一个公共停车楼中各有一个"双车库"。公共停车楼坐落于底层，位于居住部分下部，可以由 Townhouse 的任一端进入。与开敞的停车场所不同，这里采用了和标准的停车楼一样的方式，住户可以关起一扇住宅式车库门，这样可以把双车（位）停车场地合并至住宅内。

背靠背单元的住宅取消了室外车道，使这些住宅单元有直接开向内部院落的前门。院落由建筑外墙围合而成，有似城市中的广场，石板人行道，修剪过的草地，路灯和布置整齐的花坛将院落进一步完善。

Townhouse的底层交替装饰着乡村风格的石灰石

4

Roy H.Kruse & Associates/Robert J.Heidrich

和由"文艺复兴石块"制成的仿石灰石饰面。窗户和檐口也装饰着白色的石灰石，与立面的红砖和深绿色多格高窗形成对比。Townhouse的顶层自建筑主面后退，为住宅提供了额外的私人室外空间。屋顶室外区域的面积是四层单元出口处按规范要求面积的2倍，部分地隐藏在高高的女儿墙的背后。

室内的起居室、餐厅、厨房采用橡木地板，层高9～10ft（2.7～3.0m）。位于上层的卧室和家庭室地面采用地毯，层高8ft（2.4m）。由于广泛使用了石灰石的细部和其他奢侈的设计特点，按照MCL销售与市场部副主席塔马拉·拉贝尔（Tamara Laber）的说法，它的"建筑完全融入了芝加哥的城市环境中"。

林肯花园之舞的154套Townhouse以平均约每月26套的速度在6个月内销售一空。被平均销售率的统计数据掩盖了的是一组更令人吃惊的统计：一周内就签订了首期的全部96套单元合同（林肯大道北侧的部分）。MCL公司的丹·麦克莱恩认为，销售率高的部分原因应归功于该项目提供了广泛的住宅类型和售价（从27.9万～50.9万美元）。

位于林肯大道Townhouse底层的单元售价最低，其定位是初次购房者、单身和双职工家庭。其中有一些是通过更高价交换产权获得的。许多人来自距此不足1.5mile（2414.0m）的地方，沿街的上层单元和更大的单元[约3000ft^2（278.7m^2）]售价为41.9万美元面向更新换代的购房者，其中一些为有多个

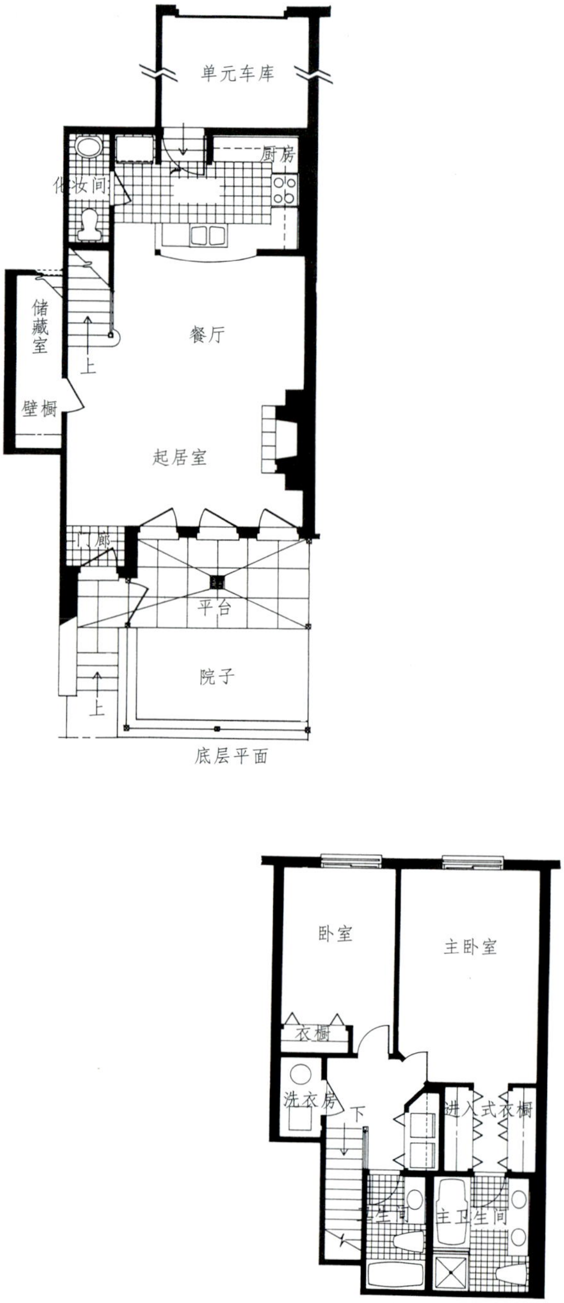

5

图 4
带车库的停车场位于背后，这样不会破坏更有形式感的行人空间。

图 5
典型的双卧单元。

图 6
街道立面的形式感被带入内部景观院落。住宅单元有面对街道和院子的出入口。

6

Roy H.Kruse & Associates/Robert J.Heidrich

子女的家庭。售价更高的单元销售给空巢家庭，包括在郊区完成养育孩子后回到城里的家庭。背靠背单元的住宅也同样有广泛的买主，正如丹·麦克莱恩说，有的买主需要有院子的单元，有的则需要沿街单元。

麦克莱恩指出，"芝加哥有一股巨大的回归城市的潮流。10年前大约有20%的购房者是回归城市的人群，现在有些项目中这一人群的比例高达40%~50%，项目中住宅单元的面积较以往扩大了，"10年前，开发商建设了小尺度住宅以满足某些前卫的年

Roy H.Kruse & Associates/Robert J.Heidrich

7

图 7

位于林肯大道垂直两侧的“门楼”面向主要街道，有圆锥形铜屋顶。

图 8

典型的三卧单元。

轻人的需要"。现在像MCL这样的开发商，已经开始给那些有财力选择不同居住地点的购房者提供类似乡村别墅那么大的单元。在位于紧邻卢普商业中心（Downtwn Loop）南面的MCL的中心车站（Central Station）工程中，MCL已经在销售的Townhouse中就有面积3000～3800ft²（287.7～353.0m²），售价50万～70万美元的单元。麦克莱恩还指出，人们普遍认为城市比乡村更有吸引力，如果给人们机会，多数人宁愿选择城市生活。

底层平面 二层平面 三层平面

实例研究

林肯花园之舞

芝加哥，伊利诺伊

用地指标

总用地	7.0acre
总住宅数	154
总毛密度	22 户 / acre
住宅类型	Townhouse（7 种户型）
居住毛密度	23.6 户 / acre
总车位	208 辆
停车率	1.3 辆 / 户
建成时间	1997 年 6 月

注 1acre=4046.86m^2。

用地规划

	acre	百分比
住宅	5.70	81.4%
道路 / 停车	0.75	10.7%
开敞空间	0.55	7.9%
总　计	7.00	100.0%

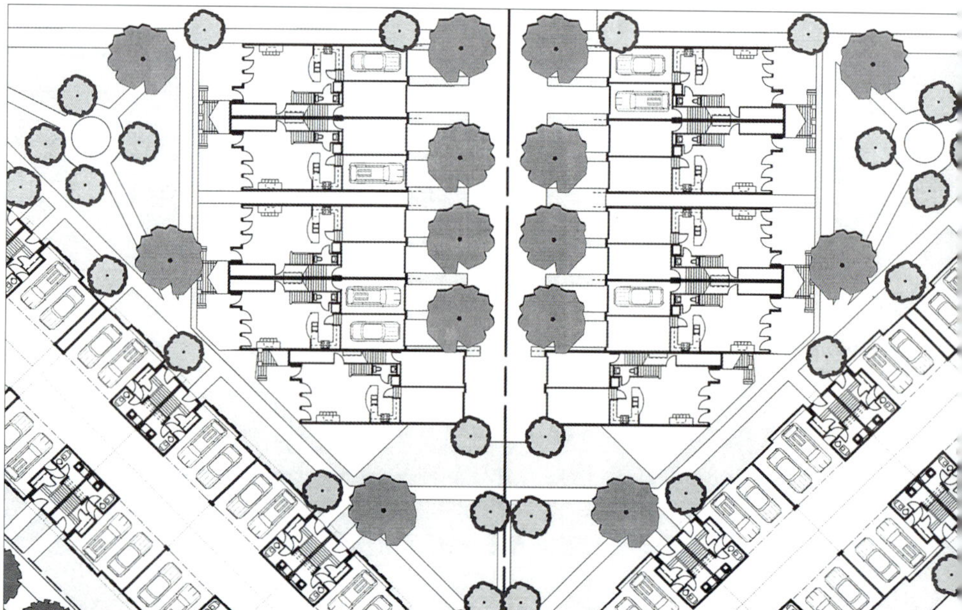

9

图 9
底层平面显示背对背单元（对角线建筑）和下部的公共车库。内部住宅设有个人车库，可以从后部停车场到达。

图 10
通过林肯大道上的人行道可直接通往内部院落，虽然没有使用安全门，但仍然暗示着这属于私人空间。

开发费用（美元）

	总　计	单元成本	居住成本／ft²
土地征集费用	13560000	89211	42.17
建设场地改善费	2900000	19079	9.02
建造费用	33700000	221711	104.80
软成本	9300000	61184	28.92
总计成本	59460000	391185	184.91

单元指标

住宅类型	建筑面积（ft²）	数量	最终售价（美元）
双卧双卫	1721	52	279900
双卧双卫	2505	52	419900
三卧双卫	3117	32	499900
三卧双卫	2825	8	509900
其　他	2558～3566	10	无
总　计		154	

注　1ft²=9.29 × 10^{-2}m²。

实例研究

默特罗老年公寓和城市花园

福斯特城，加利福尼亚

20世纪60年代，在为旧金山（San Francisco）郊区的福斯特城制定的总体规划中，一块用地被留作城镇中心，并和村镇绿地组成在一起。20年后的80年代初，除了引人瞩目的村镇绿地以及它东西两侧的两小块地仍未建设以外，整个社区和城镇中心已基本建成。一座高层办公塔楼建在村镇绿地的北面，而南面则是一个零售中心。但村镇绿地本身就像一堆杂乱的草堆和废墟，来到这里的办公人员和购物者都避之不及。

现在城镇中心已建成，并被重新设计的村镇绿地和拥有102户的住宅群共同组织得整洁而完整。整个住宅群是低层Townhouse、多层公寓这两种住宅类型与可拥有产权的市场价住宅和受资助的廉价老年出租住宅的混合。在大胆而且有此非常规的动议下，两种住宅类型结合在了每一个住宅群内。塞德尔/霍尔兹曼（Seidel/Holzman）事务所的主设计师亚历山大·塞德尔说："最初的想法是各据一方"，他指的是出售住宅和资助出租廉价住宅之间常有的地盘之争。但考虑到住宅类型中要融进用地的对称性和城市趣味性，于是产生了这个混合的设计，即巧妙地把两种住宅类型综合到共同支持着的城市"村庄"中。

该项目的焦点是面积为1.5acre（6070.3m²）的村镇绿地，这也是决定住宅群密度的关键。正方形的广场中有一个圆形图案，铺设了两种色调的条形地砖，形成绿地上宽阔而正式的南北轴线，联系着办公区零售中心的人群。广场还有一条较为私密的东西向小道，将两侧的住宅群引入。在绿地的中心是一个有钟楼的小广场，现已成为办公人员和更大范围内的居民们都十分喜爱的聚会场所。

广场有一种都市的氛围，因为每边都有连续的

© Seidel/Holzman,photo by Tom Rider

1

3

© Seidel/Holzman,photo by Tom Rider

2

图 1、图 2
该项目提供商品化Townhouse和资助性出租老年公寓，并结合在一个公共广场中。经景观设计的广场成为居民、附近的工作人员和购物者喜爱的公共聚会场所。

图 3
住宅纵剖面显示出Townhouse和公寓之间的关系，经景观设计，并铺装的区域成为这里的中心。

4

© Seidel/Holzman,photo by Tom Rider

图4、图5
经过细心组织建筑的形式和色彩，5层的老年公寓大楼在风格与尺度上与Townhouse保持一致。金属坡顶也使这一大些的建筑物更具住宅尺度。

图6
对称的平面是由城镇广场、市场价Townhouse和受资助的老年公寓共同组成的互相依存的结构体。两组相同住宅群位于广场两端，均是由围绕公寓大楼的Townhouse组成。Townhouse和公寓共享机动车道，车库则不位于两边的铺地内院中。

Townhouse立面。优雅的层次丰富的景观和交通元素在心理上将公共花园和半公共Townhouse通道及私密的Townhouse入口相隔离。圆形的广场由连续的混凝土台界定，限定出了的公共区域的外边界。除了混凝土圆环台以外，篱笆和树木从视线上将公园和Townhouse隔开。住宅本身也以老式风格的台阶升起半跑，在公共环境中构成了另一层次的私密性。

三层楼的Townhouse被设计成U形，靠近毗邻的街道和绿地。Townhouse环绕着5层的老年公寓，而停车场位于它们之间。铺装联锁的沥青材料的停车场起到次级道路的作用，由此可以进入住宅和公寓车库，并通向每栋老年公寓前的斜坡。Townhouse设计有被置于两层居住空间下的双车库（串联排列），老年公寓楼设有位于底层的单层车库。由于基地地下水位较高，住宅群也就没有建造使用更便利

5

Steven Fader

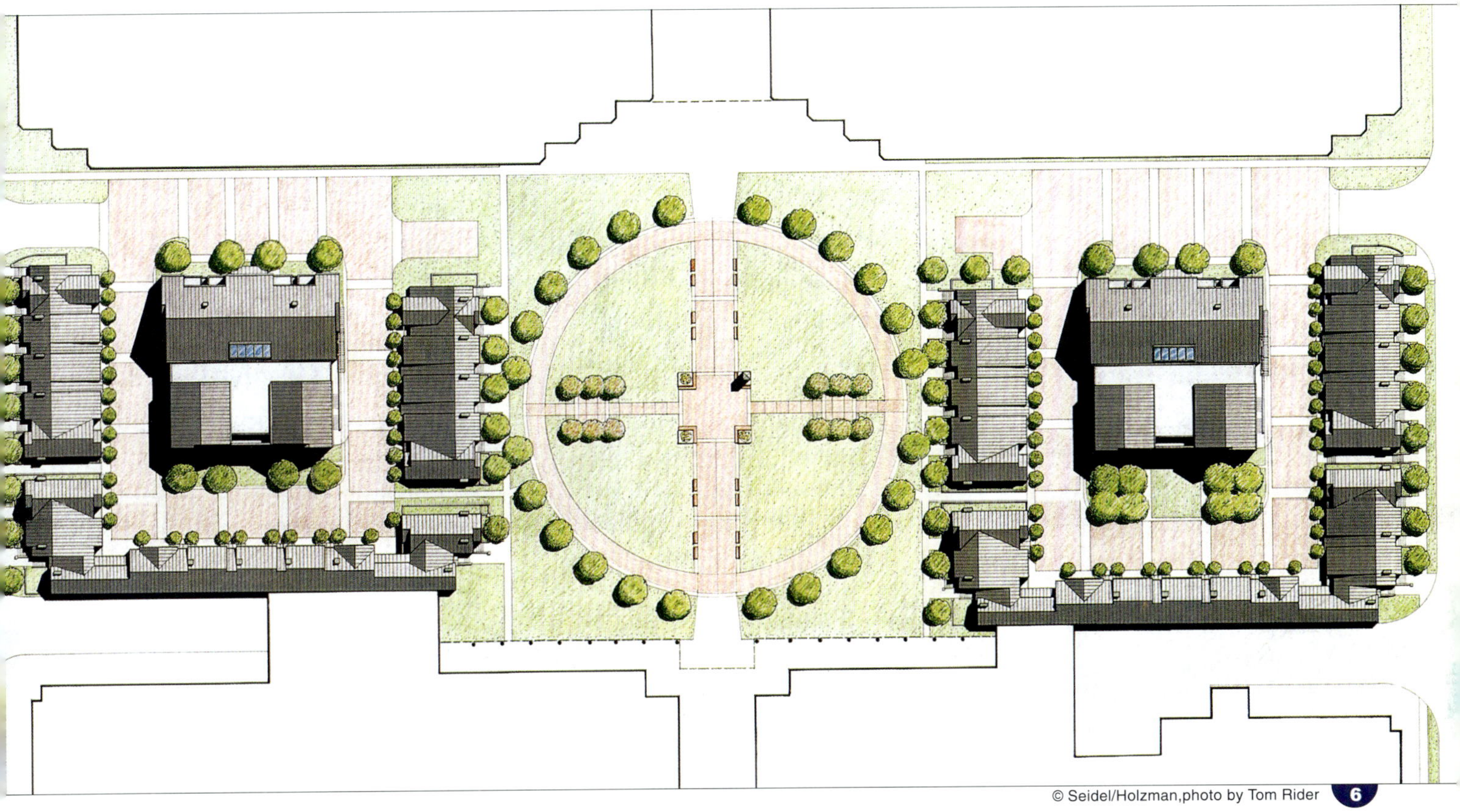

© Seidel/Holzman,photo by Tom Rider 6

的地下停车场。

整个项目的设计富有现代感，而建筑的斜屋顶、台阶、门窗洞口也清楚地表明了它钟情于更具传统居住习惯的建筑风格。应城市对工程的需求，屋顶采用金属材料，也进一步架起了传统和现代之间的桥梁。建筑外墙饰以灰色和黄色拉毛粉刷，强调了建筑物变化的体量。

Townhouse 以 6 个或 7 个单元为一组，既具有个性又是一个整体。对于单元而言，凸窗、台阶和金属顶的烟囱形成明快的韵律。对于整体而言，由水平线脚连系着的每栋建筑端头山墙单元使多种单元的建筑取得了有组织的平衡。

对老年人而言，设计提供了一种丰富的室内外空间，既整合了日常生活的内容，也使在没有汽车的情况下大部分日常需要得以实现。每栋老年公寓都围绕着一个四层楼高的中庭，并在顶上开向一小块室外景观休息区。有顶的走廊打断了 Townhouse 对老年公寓的围合，使老年公寓与中心广场相联系，这条走廊也通向邻近的购物中心。

将这两个住宅群嵌入现状的城市结构中，面临的最大挑战是要关注并满足邻近办公楼和商业中心的一些需求之间的关系。部分建筑的重新设计，是为了使居住功能用途不受这些相邻建筑的噪声和活动的干扰。社区的管理规定中对货物运输时间和活动时间都有严格的要求。

默特罗老年公寓和城市花园的开发是对创造公共／私密良好关系的热切追求的结果，其创新的设计概念在由当地居民以及包括邻近商业中心的商人

© Seidel/Holzman,photo by Tom Rider

在内的其他投资者出席的多次公共研究会议上加以讨论。建筑师亚历山大·塞德尔指出，这些会议提出了许多新见解，对这个规划和设计得以多次修改和推敲。全部工程的监理是福斯特市改造办公室。里吉斯家园公司（Regis Homes）是市场价住宅部分的开发商和整个工程的建造者。由里吉斯家园公司引荐加入的北加利福尼亚州最活跃的资助住宅建造商布里奇住宅公司（BRIDGE Housing Corporation）负责开发老年公寓部分。

该项目的资金来源于多种渠道：城市使用从其他城市开发项目中征得的"替代"费用支持城镇绿地的改造；老年公寓使用税收增长保证基金和房屋契税信用贷款；Townhouse使用常规建造资金。由于该项目是市场价住宅和资助住宅的非常规的混合，因而后者资金的获得经过了很艰苦的努力，但最终仍然以标准利率和期限获得了资金。

42套城市花园Townhouse在1996年时售价为27

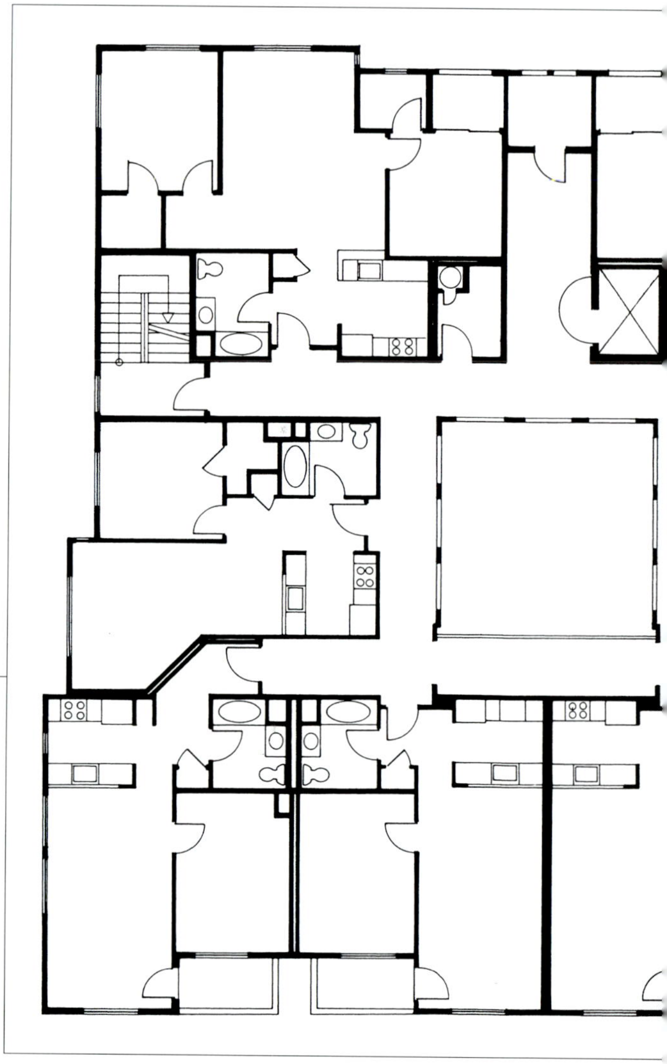

图 7
四层高的中庭休息区是每栋老年公寓的核心部分。另外，每栋建筑都有一个私密的室外空间。

图 8
在住宅和城镇广场之间有种象征主义关系存在。建筑环绕广场，使其具有亲密、融洽的气氛，而广场也为居民提供了充满魅力的开敞空间。

图 9
默特罗老年公寓二层平面。

8

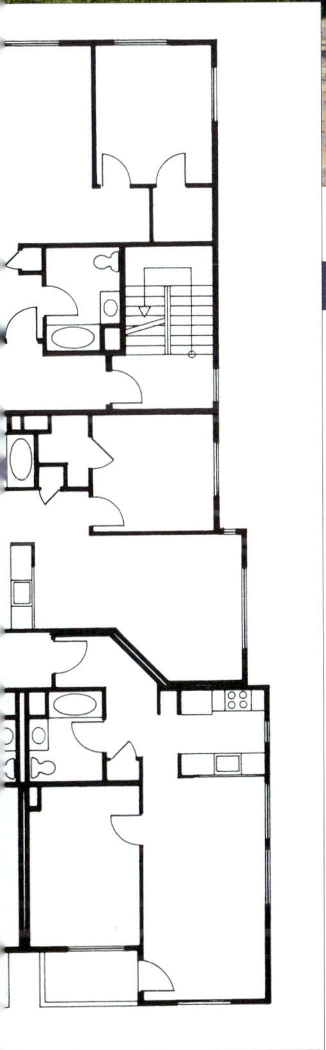

9

万～30万美元。最初开发商担心市场价相对较高的Townhouse与低价出租公寓靠近会影响其销售，但后来证明这不是问题。Townhouse以6套／月的速度在7个月内销售一空。亚历山大·塞德尔解释说："市场价住宅与资助廉价住宅之间相邻，看不出有什么价值损失。"事实与人们担心的正相反：第一年内Townhouse的二次售价最高上涨了30%。

默特罗老年公寓和城市花园从其他方面来看也是非常成功的。曾经废弃的城镇绿地现在经常有办公人员和居民光顾，成为露天音乐会和每天散步者共享的空间，据报导邻近商业中心的零售额也增加了。正如亚历山大·塞德尔所说，"人们对于密度总有一种担心"，但问题并非是密度的好或坏，应该说是"密度解决方法的好与坏"。显然，福斯特城探索到了正确的解决方案。

实例研究

默特罗老年公寓和城市花园

福斯特城，加利福尼亚

用地指标

总用地	3.64acre
总住宅数	102
总毛密度	28户／acre
住宅类型	Townhouse和公寓
平均占地面积	$902ft^2$
居住毛密度	44.3户／acre
总 车 位	134辆
停 车 率	1.3辆／户
建成时间	1996年11月

注 $1acre=4046.86m^2$。

用地规划

	acre	百分比
住 宅	1.24	34%
道路／停车	1.06	29%
开敞空间	1.34	37%
总 计	3.64	100%

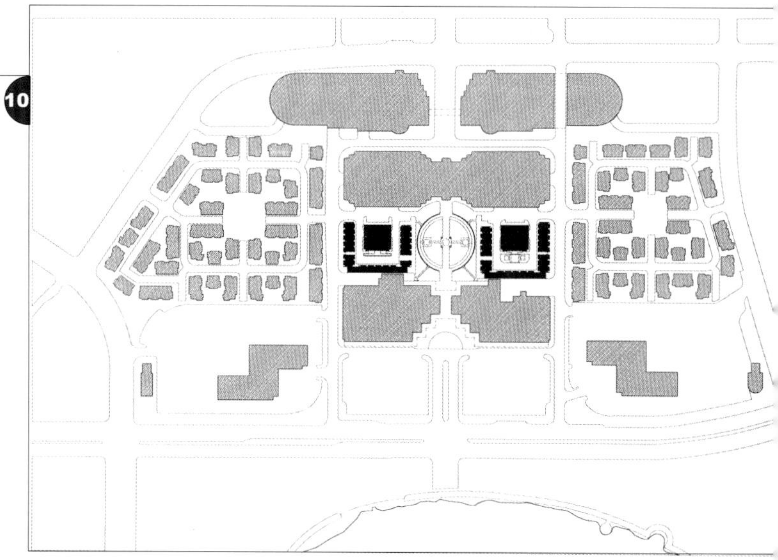

开发费用（美元）：Townhouse 和城镇广场

	总 计	单元成本	居住成本／ft²
土地征集费用	840000	20000	13.80
建设场地改善费用	1050000	25000	17.20
建造费用	4993000	119000	82.00
软成本	2183000	52000	36.00
总计成本	9066000	216000	149.00

单元指标

住宅类型	建筑面积（ft²）	数量	最终售价（美元）
三卧，双卫	1550	28	290000
三卧，双卫	1500	4	280000
二卧，双卫	1150	10	260000
总 计		42	

开发费用（美元）：老年公寓

	总 计	单元成本	居住成本／ft²
土地征集费用	800000	13333	17.98
建设场地改善费用	600000	10000	13.48
建造费用	4500000	75000	101.12
软成本	1800000	30000	40.45
总计成本	7700000	128000	173.03

单元指标

住宅类型	建筑面积（ft²）	数量	最终售价或租金（美元）
单卧	670	48	基于收入，不定
双卧	890	12	基于收入，不定
总 计		60	

注 $1ft^2=9.29\times10^{-2}m^2$。

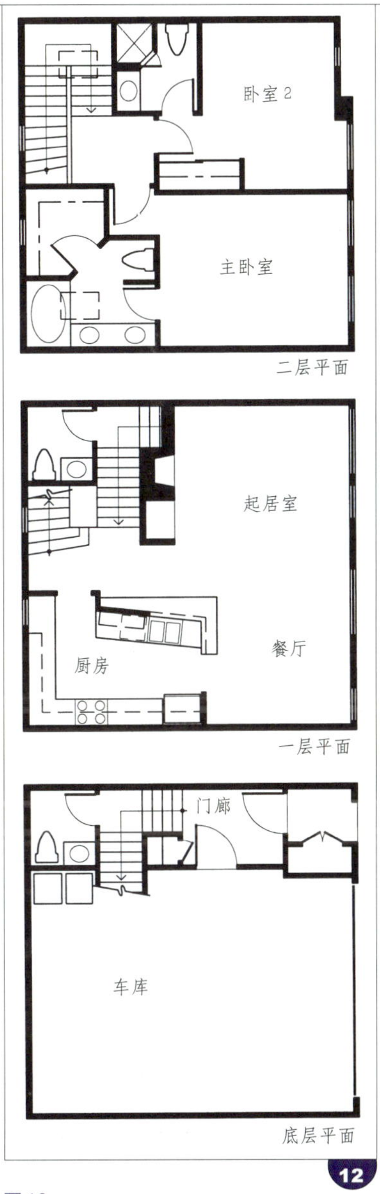

图 10
位于城市文脉中的工程。

图 11
运用传统形式的当代建筑风格。

图 12
城市花园双卧 Townhouse 平面。

实例研究

艾迪生花园

艾迪生，得克萨斯

艾迪生花园（Addison Circle）把密度和社区感引入了一个典型的边缘城市（edge City）。该项目位于得克萨斯州达拉斯市北郊的艾迪生，波斯特地产公司和艾迪生镇之间公共和私人的伙伴关系，促成了占地80 acre（323748.8m²）的基地被开发成为多用途的社区。工程由RTKL事务所联合波斯特地产公司和顾问组进行设计。该工程最终将有总计3000套住宅，并与邻里商店、公园、面积超过400万ft²（371612m²）的办公与商业空间形成整体。约55套/acre的住宅密度，多数为出租项目，其社区密度是达拉斯北部典型花园公寓的2倍，但该项目却有着新开发项目中少见的场所感与社区感。

最初出现高密度、混合用途的住宅社区的设想，是在艾迪生1991年总体规划和基于一个以社区的较近期的"远景计划"（远景2020）中提出的。艾迪生镇总能吸引超过它就承担的商业开发，但为了应对新近出现的郊区开发的竞争，艾迪生镇政府致力于创造出实实在在的城镇中心的需求——同时也是人气旺盛的基础——来支持和稳定城镇的商业开发。

虽然艾迪生镇被其他地块包围，并且80%的土地已经开发，但少数未开发的土地中的一块仍然是适合高密度、综合性开发概念的理想用地。该项目靠近艾迪生的老城区，用地和周围的工作、商店、娱乐区都在步行距离之内，与达拉斯区域快速公共交

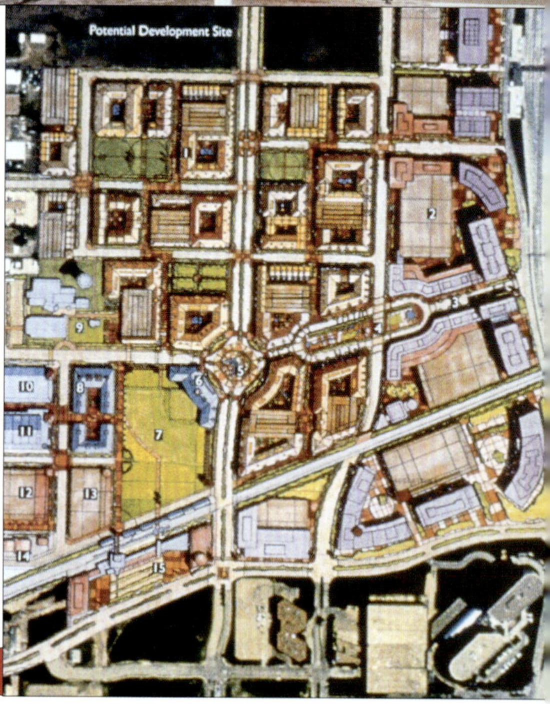

1

注 该实例图片为RTKL/Craig Blackmon授权提供。

通站（DART）毗邻，附近还有艾迪生会议和影剧中心，此外，该用地也不受独立土地所有人控制。受到镇政府的鼓励，土地所有人盖洛德地产公司（Gaylord Properties）联合一家亚特兰大基础房地产信托投资公司波斯特地产公司（Post Properties）共同开发该项目，并进行总体规划。

根据总体规划，该基地将建两个子区域：由多层建筑、零售店、公园和其他绿化带形成的居住区；毗邻北达拉斯收费道路（North Dallas Tollway）的高密度办公和商业区。联系两个区域的是一个起联系作用的公共空间：交通环岛[艾迪生环岛（Addison Circle）]和轴线上的绿地。

关注街道和开敞空间——也即公共空间——是使该项目吸引人的原因之一。社区中的交通环岛自身便是该项目的象征性的中心，除此之外，迂回的环路也减少了沿昆腾大道的交通噪声，昆腾大道是一条早先的穿过基地中间的主要交通干道。没有争议就没有环形道路的产生，为此，还有专门的环路专家来说服持怀疑态度的官员同意建造这样一个50多年来该区首条公共环路。为进一步把环岛建成该项目，乃至更大区域的中心，还为环岛中央举行了一次雕塑竞标。

该项目的大量投资显然被用于建设社区的住宅道路和宽阔大道。多数的人行道和人行横道被铺以地砖，每隔25ft（7.6m）就种植高大的遮阴树木，更

图 1

总体规划由使行人产生亲切感的街道网格、窄巷和圆形中心组成。社区最终将包括大约3000套住宅、邻里商店和面积超过400万 ft^2（371612m^2）的办公和商业空间。

图 2、图 3

艾迪生花园把密集的城市形态引入到一个边缘城市。居住邻里由四层建筑组成，部分建筑的底层设计有零售商店。

图 4
建筑散发出实实在在的经久性，红砖建造的建筑在基础上有一道石饰罩，漆色金属阳台和人工铸造的仿石拱券与窗楣构成它完美的细部。

图 5
鸟瞰图。

图 6
面对主要街道的建筑在底层有邻里服务商店。高大的树木成排种植在人行道旁，为行人提供树阴。它们让人觉得这是一个稳定的，建造完善的城镇而非新开发区。

4

大型的树木[种植在200gal（912L）容器中]种植在道路两端，从而形成了可供观赏的街景。类似英式花园中的金属护栏限定了树木种植区的边界，自行车架、长凳、小型容器和其他街道设施也增加亲切的步行公共空间的可用性。

艾迪生花园的建筑和总体规划都对城市肌理作出了贡献。多数居住建筑是四层，有些则是三层居住，其下为底层商店或小型服务项目。建筑设计虽然是现代风格，但阳台、门窗洞口、山墙、砖这些元素使它变得易于为人们接受。社区里典型的住宅建筑采用石材砌筑的底层，上为红砖立面。相互对比的砖色条为建筑带来了变化的细部，最终完成了建筑。同样，窗户使用了多种类型，被用以创造建筑的多样性，其中的大尺寸凸窗的色彩与砖墙形成对比。人工铸造的仿石窗台板和窗楣、墨绿色的金属阳台与雨篷使得立面形成一个整体。

与典型的郊区模式中建筑后退距离较大，人行道较窄的做法相反，社区里的住宅的建筑立面靠街道较近，人行道也较宽。住宅前部人行道宽12ft（3.7m），建筑后退人行道仅6ft（1.8m）[从路缘算起为18ft（5.5m）]。6ft（1.8m）后退使建筑与人行道之间有了景观缓冲带。而宽阔大路两边的人行道宽14ft（4.3m），建筑后退路缘24ft（7.3m），形成了10ft（3.0m）宽的景观带或室外就餐场所。

多数住宅建筑呈环状院落的形式。单元沿着内部走道的两边布置，主入口和窗户可以看到街景和内部的水池与院落。采用这种“满用块围合”的建筑形式是为了避免功能含糊不清的空间：要么是由许多面向街道的窗户监视的公共区域，要么就在建筑保护范围之内。

停车楼位于每个住宅街区后部的地面建筑，使住户和商店可直接向街道开门。停车楼为住宅的每间卧室提供一个车位，平均每套住宅有1.4个车位。

另一类机动车和行人通道由“小巷”，即建筑之间的消防通道提供。这种45ft（13.7m）宽的公用道路，从建筑到建筑间均做了铺装，由两条12ft（3.7m）车道和两侧10.5ft（3.5m）人行道组成，行道树界定出边界，但没有路缘。建筑入口和住宅立面面对小巷，为这些区域带来生机，同时可以作为居民上下车的地点。

有些公寓直接朝向点缀于社区内的小公园。低矮的石墙界定了公园的场地，同时在公园与建筑之间限定出人行通道。步行和自行车小路也将建造，一个大型的开敞空间将用于城镇组织的特殊活动。

艾迪生花园提供了多种住宅类型，从月租超过645美元的570ft^2（53.0m^2）的小套公寓至月租4000美元的3200ft^2（297.3m^2）公寓。社区中大多数住宅单元（45%）是一居室，但规划也集合了双卧、三卧住宅单元及Townhouse和商住单元。

从大范围来说，艾迪生花园针对的是一个新兴的市场：租房者不是因为生活的必须而是有选择性的租住。正如RTKL/达拉斯城市规划副总经理和负责人帕里斯·拉瑟福德（Paris Rutherford）说：“他

5

6

7

图 7
多数住宅建筑一面朝向街道，一面朝向有水池的景观内院。所有室外空间要么完全处于公共视线之下——有非正式的"眼睛在路上"监督，要么就是属于安全的内院空间。

图 8
忠实于城市形态，这里的建筑入口面对街道，并通过在人行道边抬升的几个踏步将入口与街道分离。

们大多数是年龄在30～55岁之间的双职工或空巢家庭。他们有选择地租房，更喜欢这里提供的城市生活风格。"

对于这一市场来说，生活质量是关键性的要素。像波斯特地产公司这样的开发商发现，诸如游泳池和健康俱乐部这些令人愉快的事物仅仅是个开端，对于大多数租房者来说，一种社区感——干净清洁的楼梯，去咖啡馆，到一个安全而又有趣的场所散步或休息——是人们不断寻找的愉悦。波斯特地产公司开发部执行副经理阿特·洛梅尼克（Art Lomenick）说：

8

“社区的成功源自于多用途的开发模式创造的一种非正式的社交氛围”。

艾迪生花园正在分阶段进行开发。第一阶段包括460套住宅，2万 ft^2（1858.0 m^2）零售店和一个0.5acre（2023.4m^2）的公园已于1997年完成。第二阶段包括610套住宅，9万ft^2（8361.3m^2）商店，4.1万ft^2（3809.0m^2）办公空间和1.5acre（6070.3m^2）公园于1999年完成。社区总计有8个阶段，已完成了规划，有望在2003～2005年建成。虽然波斯特地产公司集中开发出租公寓，但该社区也有一小部分商品的住宅，例如第二阶段有26套。

在该项目大规模的商业空间中，已经有一栋高层办公楼和多层综合楼建成。剩下的部分还将包括社区住宅和其他居住用途的房屋、办公楼、零售店，最终将提供1万个永久就业机会。

开发像这样一个与典型的郊区出租公寓项目有根本不同，并有更大密度的项目，开发商必须通过一系列步骤来教育城市和公众认识到设计的益处，并建立公共和私密的伙伴关系。除了常见的公众讨论会外，还有其他一些教育方式，如组织到芝加哥和波士顿，观察和体会一些受到普遍赞誉的老城区的中心街道和后退间距的实际效果。

最后，艾迪生花园和城镇一起开发出台了一系列设计和开发的相关标准，并编入发展区批准规划中，其中涵盖了密度问题、用地覆盖率、室外建筑材料、后退间距和街道景观设计准则。开发商和城镇职员一起工作，设定了开发阶段和发展进程的选择，并对市政操作和资金预算产生影响。开发商也意识到需要解决资金缺口，用以建设基础设施和令政府、开发商都满意的建造质量和水平。

最终由艾迪生镇同意的投资是950万美元总投资：其中550万美元用于改造基础设施、街道和公共开敞空间，余下400万美元用于第二阶段开发。正如洛梅尼克总结的那样，“尽管花费了令人吃惊的费用改造艾迪生镇，但与其他开发项目不同的是，艾迪生花园将流芳百世。”

实例研究

艾迪生花园

艾迪生，得克萨斯

用地指标

总用地	80acre
总住宅数	3000
总毛密度	37.5 户／acre
住宅类型	出租：公寓、Townhouse、Loft、联合单元
出售	Townhouse
居住毛密度	54.6 户／acre
停车率	1 辆／卧室
建成时间	第一阶段 1997 年 第二阶段 1999 年 第三阶段 1999 年（开始时间）

最终完成：2003～2005 年（估计）

注 1acre=4046.86m²

用地规划

	acre	百分比
住宅	39	48.8%
道路／停车	16	20.0%
开敞空间	10	12.5%
其他（公共花园）	15	18.7%
总计	80	100.0%

图 9
为改善街景，停车楼被设计成位于每个住宅区后面的地上建筑。

单元指标（第一、第二阶段）

住宅类型	建筑面积（ft^2）	数量（占1070户的百分比[❶]）	出租价（美元）
经济性	570～772	20%	645～786
单卧	681～1079	45%	800～1220
双卧	870～1521	19%	1013～2015
三卧	1507	1%	1591
大空间式	807～3219	16%	870～4400

❶ 仅为第一、第二阶段。

注 $1ft^2=9.29\times10^{-2}m^2$。

东方货栈

旧金山，加利福尼亚

当你向西北角观望时会发现，在一段备受侵蚀的古老砖墙货栈后，建起的是白色钢铁和玻璃的现代化住户自有公寓。"21世纪的住宅建在19世纪的外壳里。"费希尔－弗里德曼建筑师事务所(Fisher-Friedman Architects)的负责人罗德尼·弗里德曼（Rodney Friedman）这样形容位于旧金山南岸的拥有66套住宅的社区。

在现在的外表下，货栈的砖墙得以加固，历经一个世纪的古老墙体内一座新的建筑拔地而起。每个工作／居住单元有两居，两层这样的单元建在底层停车库之上，通过一个大落地窗向外可以看到通风顺畅的采光庭院，它填补了外部原有砖墙和内部新建筑之间的空缺。

最初建于1868年的货栈用于不断扩大的亚洲贸易往来。那时它是一块滨水之地，被认为是亚洲移民的中转地。货栈长期属于南方太平洋铁路公司，在20世纪80年代经过了几次开发商转手，直至1987年由纽约里莱恩斯开发集团（Reliance Development Group）购得。

虽然货栈在1906年的大地震中幸存下来，但砖木结构的货栈在1988年到1994年间的一系列火灾和地震中几乎完全摧毁。1988年第一次的纵火事件烧毁了三跨中南部的大部分木框架。紧接着1989年，在洛马·普列塔（Loma Prieta）地震中货栈外

注 该实例的图片由费希尔-弗里德曼建筑师事务所提供。

1

2

3

图 1、图 2、图 3
原有的砖墙外表面已脱落，内部是一座崭新的独立的现代钢与玻璃的建筑。新建筑有66套两层的工作/居住单元和 90 个车位。

图 4
建筑剖面显示了老客栈和改造后建筑的关系，以及二跨公寓之间的采光庭院。

4

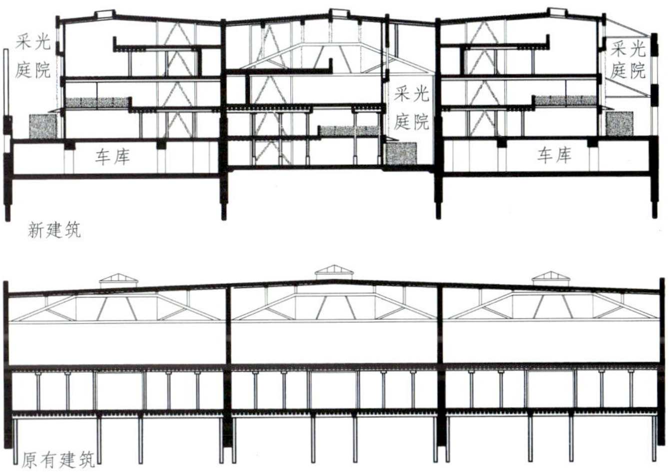

图5、图6

老砖墙与入口抛亮的不锈钢和玻璃形成对比。虽然该设计的理念是综合新与旧，但它仍然保留了其工业建筑的特点。

图7

三跨单元建在了老货栈加固了的墙体间，老建筑的砖墙和新建筑间，以及新建筑中心与最后一跨单元间的采光庭院是为建筑带来阳光和空气的开放空间。

5

6

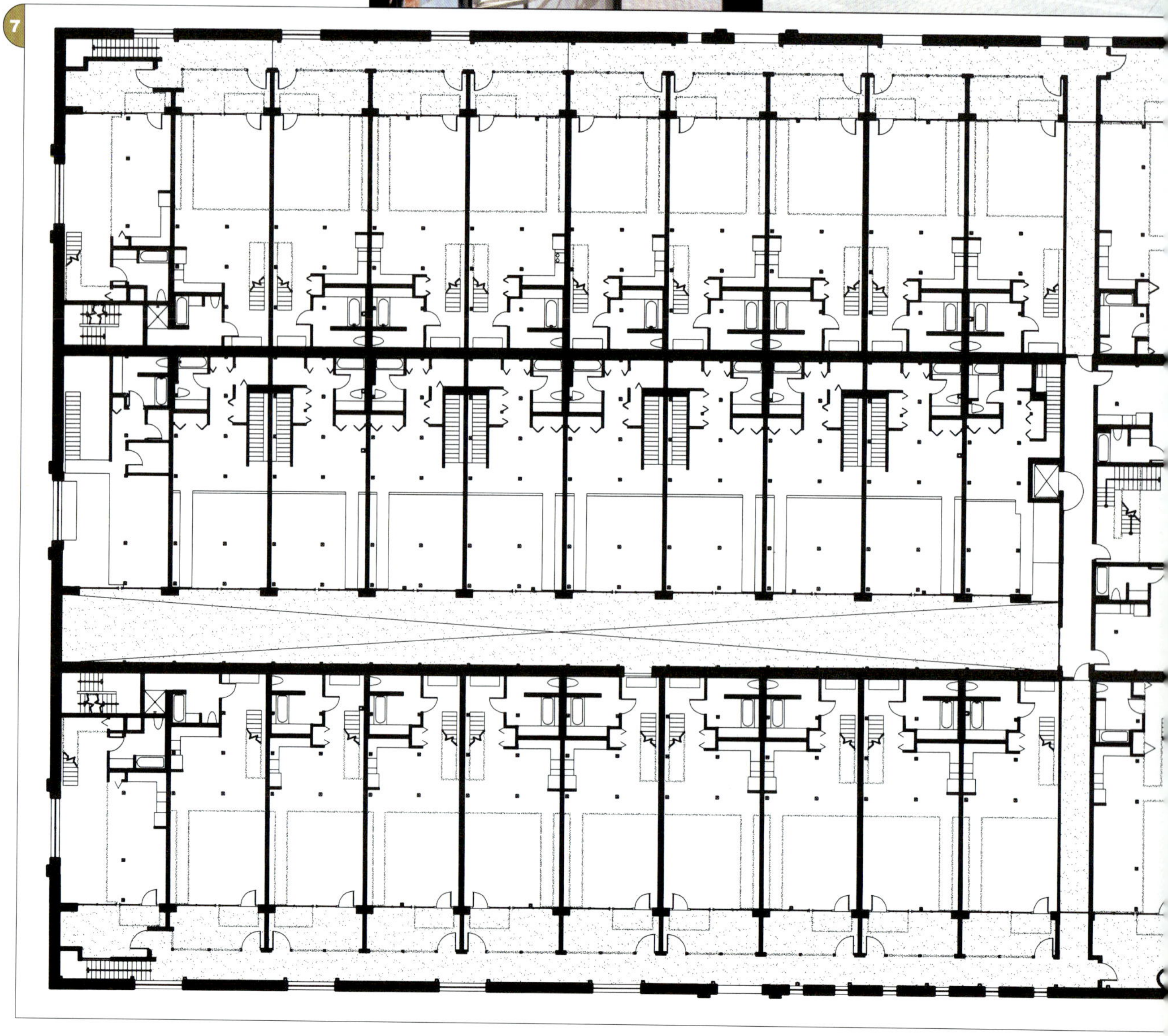
7

部砖墙被震裂。然后在1994年，与当年的失火如出一辙，第二次的纵火毁坏了北边部分，使北边和东边的部分墙体倒塌。

第二次火灾后，货栈剩下的只有一部分倒塌的砖墙和中间一跨的木框架。至此，为货栈已经酝酿好的修复计划被放弃，而在老建筑中建一座全新的独立式建筑的想法由此诞生了。

按照开发计划，该项目的66套住宅布置在与原建筑三跨结构一致的3个65ft × 200ft（19.8m × 61.0m）框架中。停车场位于南边与北边框架底层。中部住宅可由一个有天窗（skylit）的"小巷"到达。这里总计提供了90个车位，平均每户1.36个。由于大多数家庭有两辆车，因而第二车位（数量有限）更抢手，而且要价不菲。

位于停车场上部二层的南北两跨住宅单元，从货栈原有外部砖墙向后退，形成了采光庭院。开敞的15ft（4.6m）宽的后退距离在步行通道和独立住宅之间形成9ft（2.7m）宽的内院，形成住宅和交通的过渡。南北砖墙上巨大的方形洞口为庭院引入了阳光，这个决定需要得到地标委员会进行进一步审议，并引起了有关旧金山保护思想的争论。

与旧建筑形成鲜明对比的新建筑采用钢结构，端头为油漆过的波形板。厚重的钢支柱与原来木构架相呼应，同时也为已被清洁和修整的无支撑砖墙提供抗震支撑。

原有的拱券窗洞中安置了新的经防腐处理的黑色多格铝窗，与饱经风霜的砖墙形成颇具现代感的对比。同样，周围装有玻璃的12ft（3.7m）高的不锈钢门，被安装在原有船坞开口处，作为建筑入口。除了纪念式的入口外，门厅楼梯是一个由不锈钢、缆绳和玻璃共同构成的高技派作品。

建筑掺杂着现代主义的意象和对最初货栈木结构的回忆。住宅单元面积从1300～1700ft^2（120.8～157.9m^2）不等，典型的起居室为20ft（6.1m）宽，17ft（5.2m）高。地板是橡木的，墙面是光滑的清水墙（有些是砖墙或裸露的混凝土），天花是露明的钢楼板。建筑结构的钢柱和梁也裸露在外，而木框架被用于支撑卧室单元夹层。另外，最初留下的中间一跨的木结构屋顶也被结合进设计中。

所有住宅单元的模式都是一卧加两卫，最靠建筑前端的两个单元有四层，中间一跨顶部单元有三层高（二层楼占三层高度）。

这里的住户自有公寓是由开发商里莱恩斯开发集团自筹资金建造的，该项目实际上是其大量开发

8

图8
货栈原来的砖墙出于美学目的保留较多。虽然经过多年毁坏其使用功能已经无法保留，但它的历史价值和场所感仍然存在。

9

成果中的一个。在货栈附近还计划开发由三栋17层塔楼组成的共计356套住户自有公寓，其中的130套正在建造。作为协商的一部分，里莱恩斯开发集团被允许改变密度，即将高层塔楼部分再加高50ft（15.2m），以此作为开发商承担东方货栈修复的回报。

该项目的住宅单元分三个阶段发售，呼应了建筑的三跨，中跨部分被留到了最后。最初住宅售价低至30万美元起，但随着发售阶段的展开，价格也节节攀升。平均每月出售5.5套，购买者为年轻自由职业者——有些有孩子，也有空巢家庭。项目建成后的两年内，某些单元二次出售的价格飚升了75%，达到60万美元左右。

东方货栈是现代设计和历史遗存保护的巧妙结合，通过设计使新的部分与现存历史元素形成视觉对比，从而解决了新老建筑结合的问题。通过这种方式，很明显，该项目提高和保护了建筑中的历史性品质。

该项目出于需要把新建筑建在老房子里，形成新颖特质正好抓住了那些寻找在这个以标准化住宅为选择的年代里，希望将现代设计和老式砖墙特点独特并列的旧金山的人们。两层高的住宅单元极大地激起了市场的兴趣，作为工作/居住单元的设计，不仅打动了艺术家或那些家庭办公人员，也吸引了一大批欣赏该项目的设计带来的整体空间质量的追随者。

10

图 9、图 10
老砖墙和新金属波形板住宅隔墙之间的空间可以引入阳光和空气。

图 11
大厅里的楼梯显示出粗犷工业材料的优雅。

图 12
标准单元平面。

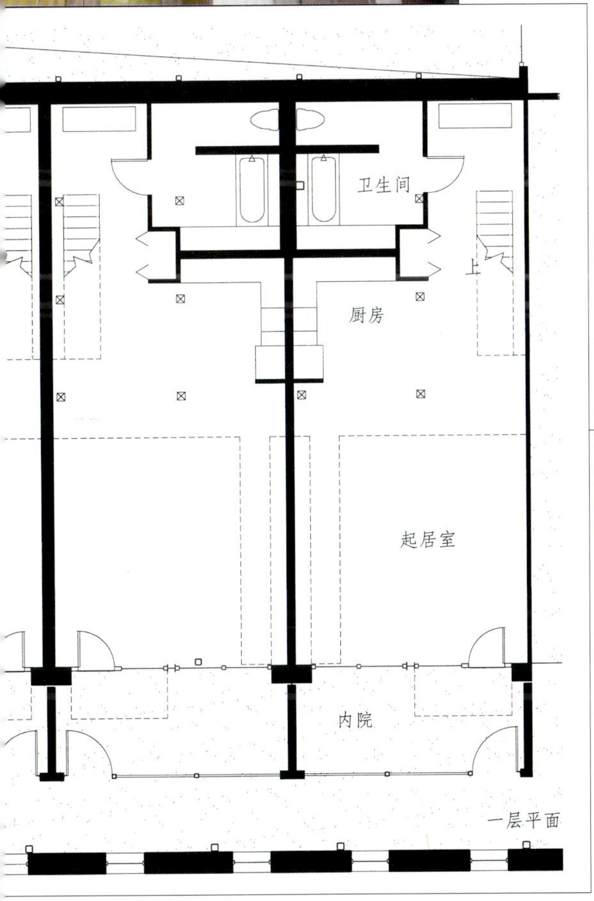

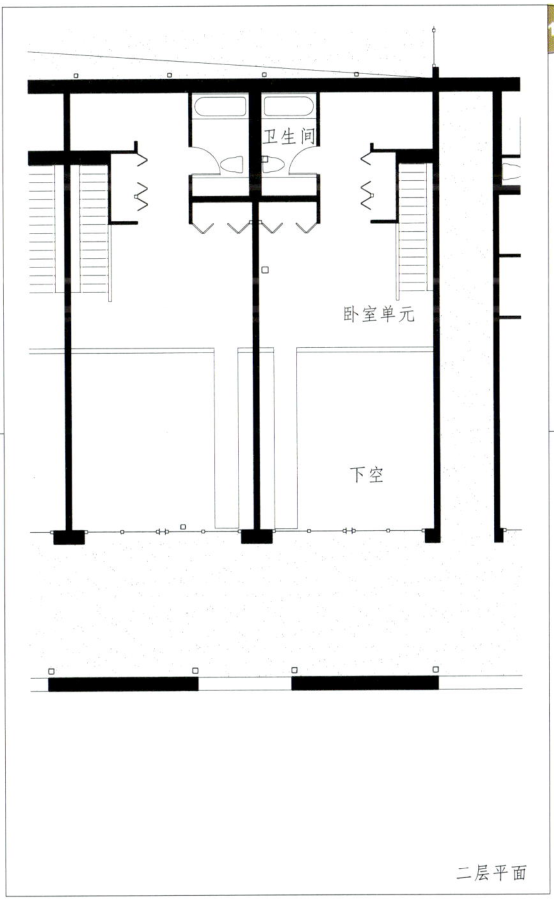

实例研究

东方货栈

旧金山，加利福尼亚

用地指标

总用地	1.49acre
总住宅数	66
总毛密度	44.3 户 / acre
住宅类型	大空间式（商住单元）
居住毛密度	63.5 户 / acre
总车位	90 辆
停车率	1.36 辆 / 户
建成时间	1996 年 2 月

注 1acre=4046.86m²。

用地规划

	acre	百分比
住宅	1.03	69%
道路 / 停车	0.10	7%
开敞空间	0.36	24%
总计	1.49	100%

13

图 13、图 14
工业主题被引入住宅内部。木梁、波形金属天花、露明管道、橡木地板和光滑的清水墙都显得极为雅致。

图 15
中跨单元由阳光庭院组成，可以让空气和阳光由上部进入住宅。

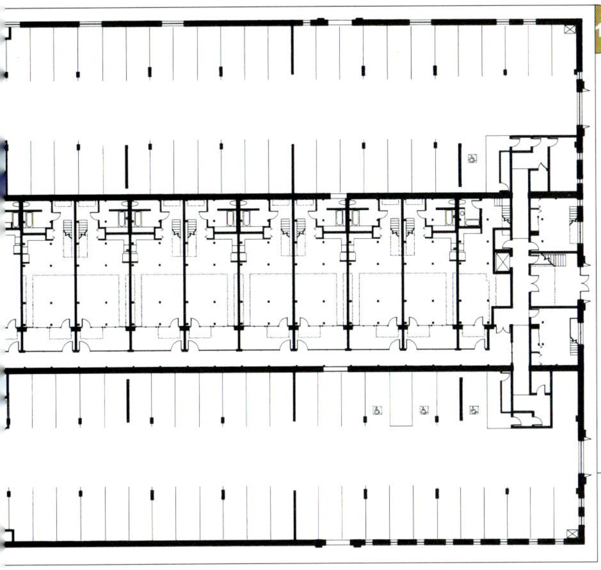

15

开发费用（美元）

	总计	单元成本	居住成本／ft²
土地征集费用	2424100 ❶	36729	25.68
建造费用	16672800	252618	176.62
软成本	2337000	35409	24.76
总成本	21433900	324756	227.06

❶已分摊成本。

单元指标

住宅类型	建筑面积（ft²）	数量	最终售价（美元）
底层大空间式	1400	54	327000
上层大空间式	1600	10	350000
三层大空间式	1400	2	350000
总计		66	

注 $1ft^2=9.29\times10^{-2}m^2$。

14

宫廷山庄

阿灵顿，弗吉尼亚

宫廷山庄（Courthouse Hill）由位于弗吉尼亚阿灵顿（Arlington, Virginia）市内的202套Townhouse和多层住户自有公寓组成，距离华盛顿特区地铁网的宫廷站只有一个街区的距离。虽然该项目被高层办公楼和住宅及南边的低层住宅包围，但开发商埃金／扬格托伯联合公司（Eakin/Youngentob Associates）还是避免了在4.6acre（18615.6m²）用地范围内采用"花园中的高塔"模式的解决方案。相反，由于受到华盛顿地区18世纪和19世纪Townhouse社区的启发，开发商致力于利用用地所在地区的城市文脉创造一种面向步行的邻里形态。

最终工程建成了由69套三层的Townhouse和133套自有公寓混合在四、五、六层的建筑的社区，并由景观花园和小径构成的网络系统将其组织在一起。该项目平均每英亩29套Townhouse和87套住户自有公寓的密度，是其他同类项目中从未达到的高密度。而同时，由于该项目高水准的建筑和场地设计——从种行道树的砖砌人行道到檐口线脚等社区的细部处理——使该项目在很短的时间内销售一空，而价格也超过了一般项目的平均售价。

该项目的用地位于城市中，是很难处理的用地类型，并且不利于步行系统的实施。用地两端的斜坡达35ft（10.7m），一边紧邻高层，一边则是独院式住宅。虽然用地的地理位置优越，但它一直闲置了10年，直到埃金／扬格托伯联合公司接手。

对埃金／扬格托伯联合公司来说，高层建筑的确不是用基地所需求的。开发商和建筑师所思考的，是用地应该与基地文脉有更多的关联，而不是开发与文脉无关的高层，这就需要重新建立城市模式和

1

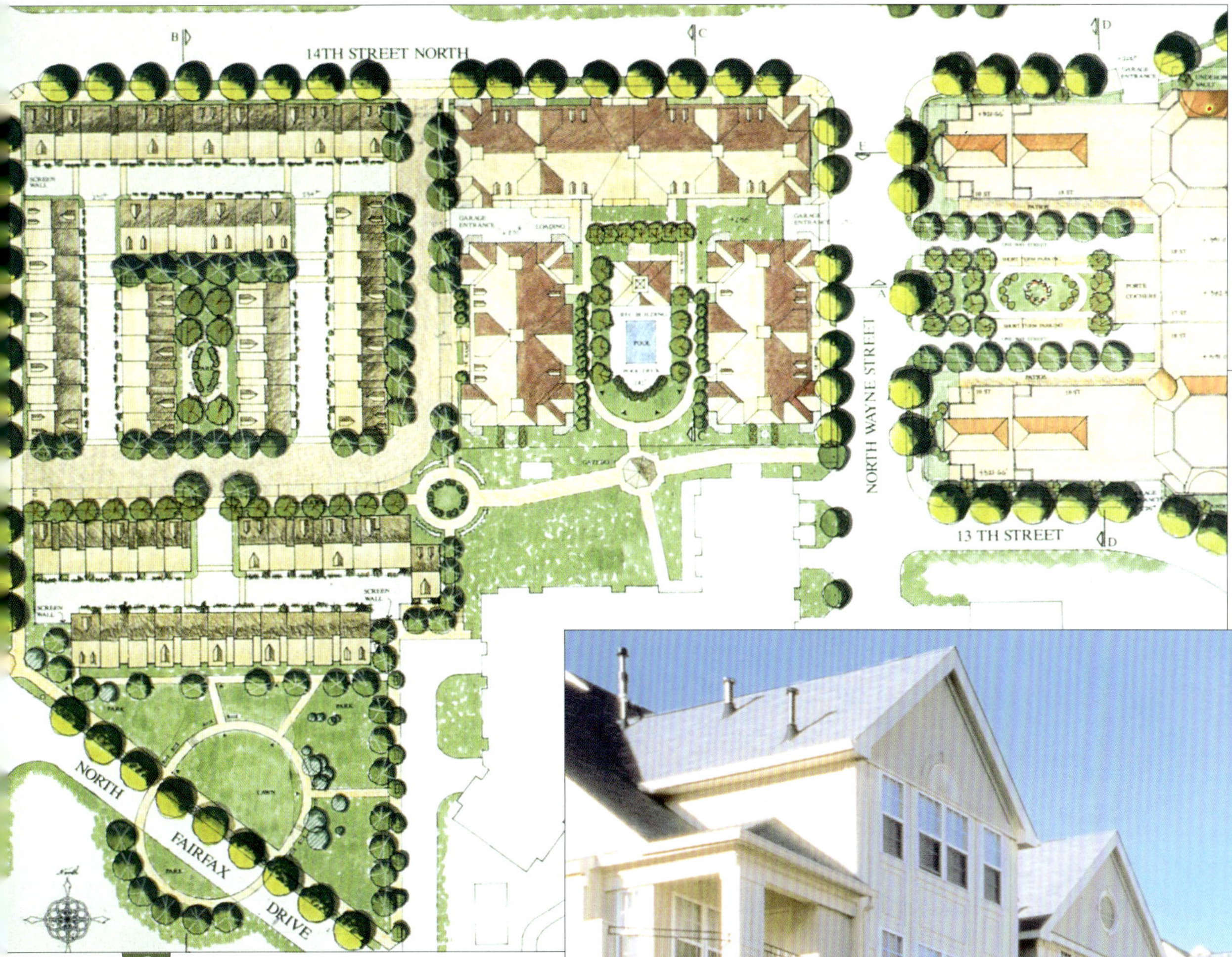

2

图 1
精心布置的广场空间可以缓和该项目的总体规划密度。一些 Townhouse 面向公共花园，另一些则聚集在小型私密花园周围。

图 2
总平面

图 3
住户自有公寓与街道靠得较近，其背后可以眺望到一个有水池的院子和一栋娱乐建筑。

Lessard Architectural Group

3

Eakin/Youngentob Associates

4

行人的尺度。莱萨德建筑集团（Lessard Architectural Group）的负责人，建筑师克里斯·莱萨德（Chris Lessard）说："在超过5层的建筑里，人们就开始感觉与街道失去联系。"低/多层高度的解决方法还带来了十分必要的、更丰富的天际线——它不会遮挡周围街道的阳光和光线。

使建筑融入周围文脉的第一步，就是与用地周边不同体量的建筑建立起联系。莱萨德指出，"用地中的住宅布局要着眼于创造一种'层迭的效果'，从而使我们的项目与邻里联系在一起。"其做法是住宅的高度自北边的办公/商业中心和轻轨站向南边的低层住宅迭落。高的住户自有公寓从6层向5层、4层迭落，与社区公园相邻的并紧邻南边的原有住宅社区的三层Townhouse最终完成了该项目的层迭效果。

而步行的设计策略的第二个途径是将建筑入口朝向街道，把停车场移至用地内部。宫廷山庄借鉴了18世纪和19世纪城镇模式，建筑距离街道较近，住宅至路缘只有14.5ft（4.4m）。独立Townhouse的入口被升高，这样可以保证地下停车库的使用和住宅的私密性。

每个Townhouse单元都有一个下层的双车库，可由内部通道直达。住户自有公寓的车库设置在建筑地下部分。为解决基地35ft（10.7m）垂直高差，基地内部被再分成不同的标高层，以便与分层相应的车道的通行。沿着这些标高，有些Townhouse的车库被设计成半地下的。

开敞空间结构是另一个帮助建立面向步行设计的要素。用地南端有一个1.5acre（6070.3m²）的公园，连接了隔街相望的娱乐中心以及它上面的社区。景观小径穿过公园和基地，连向地铁和北部的城市核心。这些小径通过一个步行入口进入，保证了它们公共用途。

其他开敞空间相对私密，被用作Townhouse和公寓居民的安静的院落或娱乐场地。围合U形住户自有公寓围合着的是一个游泳池和一座社区中心，社区中心包括了运动室、多功能室和公共浴室。宫廷山庄的人行道以及内部通道都铺以地砖。天窗里的灯光和道路照明设施同时照亮人行道和内部通道，更让人想到了该项目所要重建的城市模式。

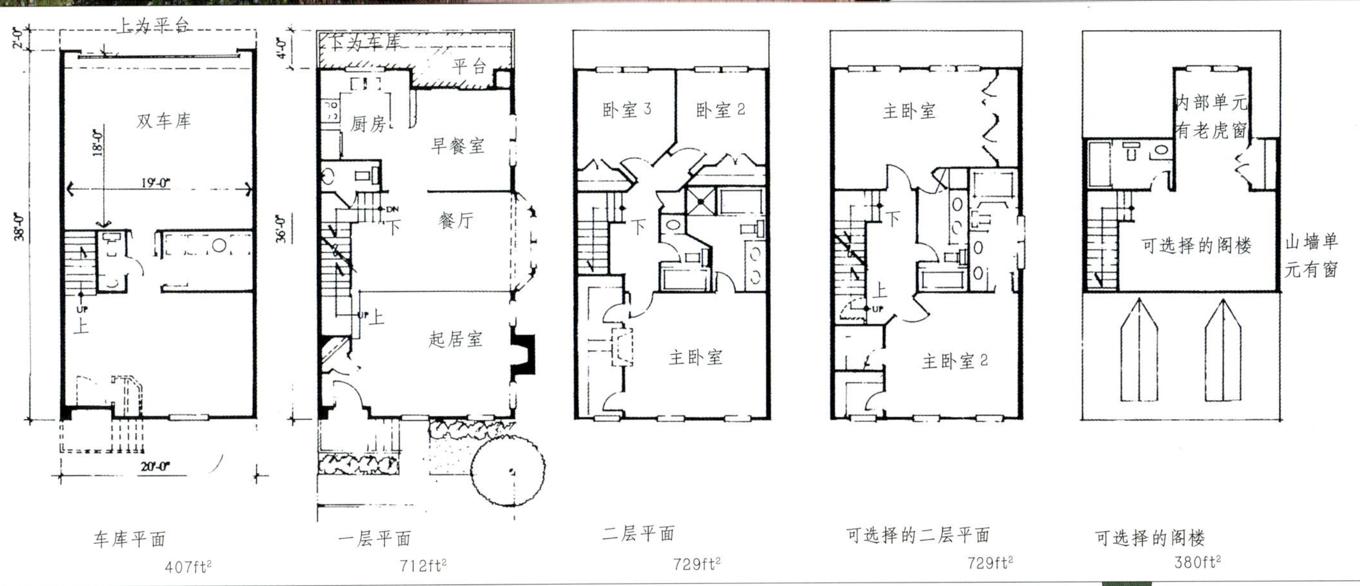

虽然基地内所有建筑都是同一个开发商开发，但 Townhouse 的主立面形式多样，呼应着不同时期建造的各种住宅混合的折中主义的老社区。有着细密细部的砖砌立面经由山花装饰的入口、券窗和醒目的檐口线条被统合在风格中。老虎窗强调了陡峭的坡屋顶。从街道上看，升起的入口平台被饰以金属栏杆，形成了立面韵律和统一元素。

Townhouse单元最底层的包括一间娱乐室、洗衣

图 4
多层住户自有公寓围绕着水池和娱乐建筑，它们都建在地下车库之上。

图 5
由于有陡坡，占地 4.6acre（18615.6m^2）的宫廷山庄用地很难处理。虽然处于城市环境中，但还是空闲了 10 年。埃金/扬格托伯联合公司设计的总平面巧妙地利用了地形，并将其与城市文脉相联系。

图 6
典型 Townhouse 平面。

房和车库。主要起居空间在上面一层，卧室在三层。根据买方的选择还可附加Loft/卧室，位于主卧室之上、标准的屋顶轮廓线以下。

住户自有公寓没有照抄历史建筑风格，而是采用了与Townhouse同样的修饰，与Townhouse并置在一起时，立面极为统一——油漆的木质细部与砖墙形成对比，凹阳台进一步调节了立面，大小不一的天窗和山墙更加强调了屋顶的坡度。

市场对该项目的反映非常积极，18个月内202套住宅几乎全部售完，平均每月11套。其售价为住户自有公寓11.5万～28万美元，Townhouse28万～35万美元。133套住户自有公寓中的28套可供销售的低价住宅，满足了城镇对这个工程的要求。

埃金/扬格托伯联合公司着眼于突出该项目城市位置的优越性。对潜在的住户来说接近城市的宜人地带是其主要卖点，可步行前往主要的交通网、饭店、电影院、商店和办公室等地理位置条件。正如建筑师莱萨德所说："我们试图吸引那些对充满活力的街区生活感兴趣的年青人或空巢家庭。因此在设计中，我们力求创造一种社区感，被潜在住户们赋予了很高的价值与周围的都市环境产生联系，并提升周围的都市环境。"开发商鲍勃·扬格托伯（Bob Youngentob）补充说："我们的目标市场不是那些想生活在被围合着的社区里的人，而是希望成为邻里中的一分子的人们。"

7

Lessard Architectural Group

Lessard Architectural Group

8

图 7、图 8

Townhouse和住户自有公寓借鉴了当地殖民地建筑风格。但后者因为要适合现代生产模式，对历史样式只是粗略的借鉴，前者则复制了周围邻里的历史样式。

图 9

典型的住户自有公寓平面。

9

实例研究

宫廷山庄

阿灵顿，弗吉尼亚

用地指标

基地面积	4.6acre
总住宅数	202
总毛密度	43.9 户 / acre
住宅类型	Townhouse（69）
	住户自有公寓（133）
平均占地面积	902ft^2
居住毛密度	69.7 户 / acre
总车位	345 辆
停车率	1.71 辆 / 户
建成时间	1997 年 4 月

注 1acre=4046.86m^2。

用地规划

	acre	百分比
住宅	2.1	46%
游憩 / 美化带	0.7	15%
道路 / 停车	0.8	17%
开敞空间	1.0	22%
总计	4.6	100%

Lessard Architectural Group

10

图 10
基地鸟瞰图显示出建筑高度的递减如何在这个填充式的城市项目中与周围邻里的高层建筑和独立式住宅产生关系，并统一了曾经相互脱节的邻里。

单元指标

住宅类型	建筑面积（ft^2）	规划数目	最终售价（美元）
单卧公寓	733	45	115000～125000
双卧公寓	700～1100	68	140000～205000
三卧公寓	1267	20	220000～280000
双卧大空间双卫 Townhouse ❶	2076	37	280000～330000
双卧大空间双卫 Townhouse	2100	32	320000～350000
总　计		202	

注 $1ft^2=9.29\times10^{-2}m^2$。

❶可选第三个卧室和卫生间代替大空间住宅。

漫步广场

圣何塞，加利福尼亚

漫步广场展现了一种混合居住方式：两层Townhouse面临街道，住户自有公寓位于其上。这个有210套住户自有公寓的项目位于圣何塞(San Jose)的商业区，是正在进行的城市改造计划中的一部分。在其周围有新近落成的圣何塞雷佩尔托瑞剧院(San Jose Repertory Theatre)、艺术博物馆(San Jose Museum of Art)和东边的州立大学(San Jose State University)。前两个开发阶段分别在1997年和1998年完工，第三阶段的104套正在建造，将于2000年4月完工。

以城市设计为出发点，该项目的意图是参与街道生活，而不像许多其他新的城市项目那样转向内向性的防御姿态。因此，多层建筑的开发具有很强的面向公众的取向，同时也有更私密的内核。每户Townhouse都有独立的开向街道的出入口，Townhouse构成了用地中第三大街和第四大街的临街立面，零售商店的立面则构成了漫步商城的边界，一条人行道路形成该项目的南部边界。Townhouse仅后退第三大街5ft (1.5m) 和第四大街12ft (3.7m)。

位于Townhouse上部的住户自有公寓是单层的单元，面向第三、第四大街的住宅共有四层，沿着"小巷"(内部人行道)的住宅为三层。沿公共大道的建筑，底层为商店，上面为三层的Townhouse。

停车场位于地下结构中，其顶部形成Townhouse和景观院落的基座。除了每户Townhouse多样的街道入口外，第三大街一侧还有一个带顶棚的住宅楼主入口。另一个非正式住宅楼入口在其对面(第四大街)。

注 本实例研究的图片由巴肯·阿里戈尼和罗斯/道格拉斯·邓恩 (Ross/Douglas Dun) 提供。

1

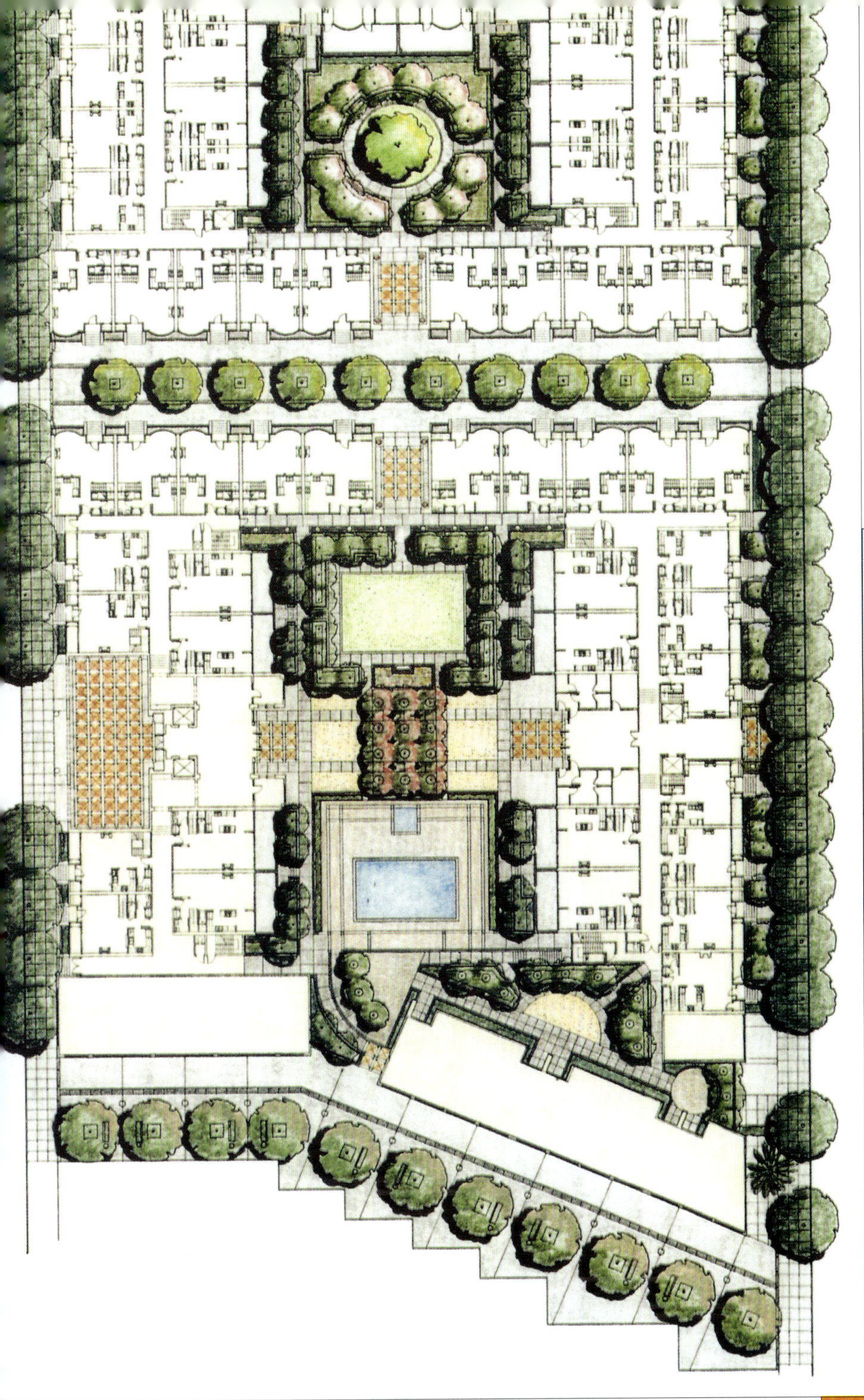

2

3

图 1
漫步广场设计了有着人性化尺度和街道入口的方案，倾向于创意更城市化，面向步行的环境氛围。建筑立面细部丰富，更有凸窗、凹阳台和传统的入口台阶的参与。

图 2
平面和一系列室外空间组合在一起：公共人行道、零售店边的步行街、小巷和休息庭院。

图 3
公寓入口边的内部小路。

4

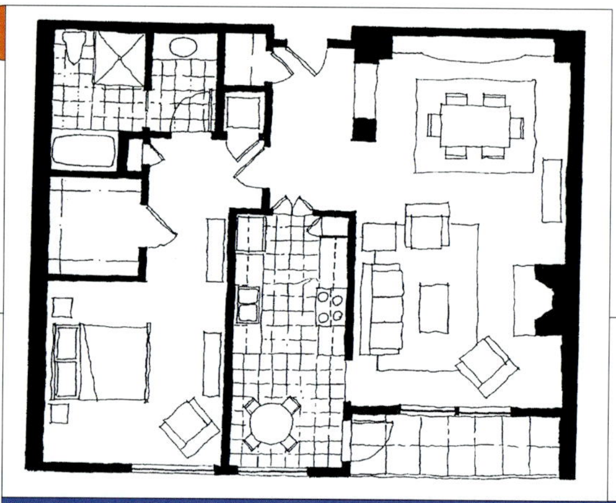

5

每个入口都朝向主要院落，这个宽阔的开敞空间被区分为三个较小区域：一个水池平台、一个草场平台和一个中心铺地平台。第二个庭院在尺度上更为亲切，犹如私人花园。两个院落由穿过住宅两边小路的拱顶人行通道联系着。娱乐室与基座同高，屋顶成为远眺小区的观景平台。

对于街道层面的设计，巴肯·阿里戈尼和罗斯公司（Backen Arrigoni&Ross, Inc.）（BAR）负责人及该项目的设计师布鲁斯·罗斯（Bruce Ross）说："公共大道广场的设计从波士顿巴克湾（Back Bay）的Townhouse和英国乔治亚式台地住宅中汲取了灵感。"两层的Townhouse部分立面被刷以浅色涂料，以呼应叠砌的石块。出挑的门廊和种植池以及深深凹入的Townhouse入口，加强了与正立面的联系。住宅入口提高半层以配合半地下车库，并增加了住户的私密感。装饰性花罐和间距很近的行道树进一步活跃了街道的景致。

上层的住户自有公寓粉刷为褚石色，和下层Townhouse立面的"石材"形成对比。阳台成组地凹入立面墙体5ft（1.5m），创造了凹凸交替的韵律感，打破了将近400ft（121.9m）长的巨大的建筑体量。通过这种方法，建筑呈现出独立的城市建筑之感。房屋的许多细部——深绿色油漆的金属窗扇和阳台栏杆，预制混凝土窗台和镶边——将立面的上下部分联结成一个整体。

沿第三、第四大街的Townhouse和公寓沿内走廊两侧布置，这样，有的单元面向街道，有的单元面向庭院，面向庭院的Townhouse有自己的小院。沿着内部通道的Townhouse和公寓为单排布置。典型的公寓宽48ft（14.6m），直接坐落于两套24ft（7.3m）宽的 Townhouse 之上。

内部通道是一个亲密的空间，两端都有大门。步行街从建筑物立面算起宽40ft（12.2m），实际步行通道宽15ft（4.6m），并植以装饰性梨树、布置了街灯。Townhouse 的私人小院进深12.5ft（3.8m），布置在人行通道两侧。

项目中的Townhouse有2～3个卧室，面积1390～2200ft^2（129.1～204.4m^2）。有些套型有大型的凸窗，其他的则有两层高的起居室或卧室。住宅单元售价最初为20万～50万美元不等。

住户自有公寓售价较低，面积为847～1450ft^2（78.7～134.7m^2）的单卧或双卧单元，售价为16.5万～30万美元。着眼于负担能力，双卧公寓被设计成两个主卧室，两个尺寸、形状相同的卧室／卫生间，可提供给两个素不相识的单身人士共享，这种公寓层高为9ft（2.7m）。

图 4
典型的1110 ft^2（103.1m^2）单卧单元平面。

图 5
南端的一层商店空间与原有的一层商店空间相对，形成围合的、充满活力的公共行人通道区。

图 6
社区即面向街道开放，也建立了一套私密的等级——从公共人行道入口至半公共的小路，最终到达私密的庭院。

图 7
建筑剖面。

项目销售过程持续了约30个月，平均每月售出7套。入口面向街道、售价较高的Townhouse对圣何塞城来说开始的销售比较费劲，它们比更经济的公寓销售得要慢。然而，所有类型的销售在最后的12个月当工程即将全部结束时都大幅提升，第二次销售的价格比前一年大约上涨了25%。

该项目的商业空间并不是很成功，有些沿街店面至今闲置。但是，这个区域的开发还在继续——

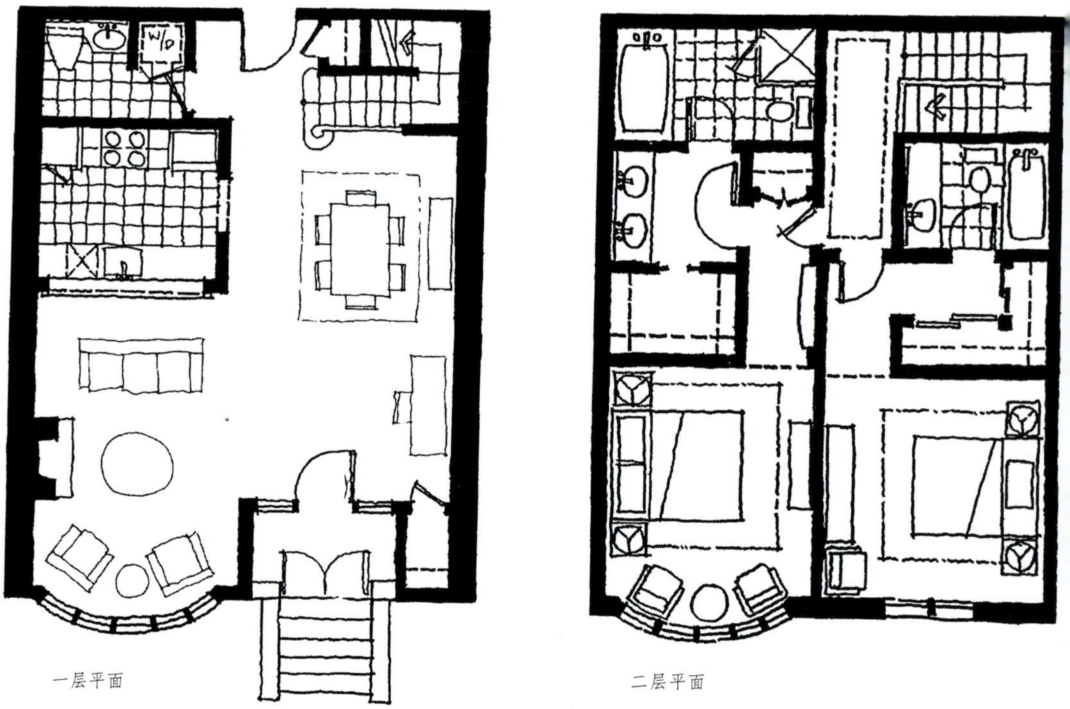

图8、图10
私密的内部庭院包括水池和居民们能聚会的景观区域。

图9
典型的两层、双卧Townhouse平面。

10

该项目第三阶段以及其他住宅和非居住项目，对该区域的商业需求最终与现有可提供的商业空间相匹配。

BAR建筑师事务所的布鲁斯·罗斯将漫步广场的成功归功于改造办公室。他说道，"他们就像实际运作中的伙伴"——规划用地；确定友好的步行城市环境目标；提供资源，包括地基和装饰性街灯。作为回报，城市获得了充满活力的稳定的居住人群，从而对圣何塞市中心的复兴做出了贡献。

实例研究

漫步广场

圣何塞，加利福尼亚

用地指标

总用地	2.86acre
总住宅数	210
总毛密度	73.4 户／acre
住宅类型	Townhouse 和公寓
居住毛密度	137.3 户／acre
总车位	369 辆
停车率	1.76 辆／户
建成时间	1998 年

注 1acre=4046.86m²。

❶ 地下停车[约 124000ft² (11520.0m²)]。

❷ 包括室外休息区域。

用地规划

	acre	百分比
住宅	1.53	53.5%
停车❶	—	—
开敞空间❷	1.15	40.2%
其他（商店）	0.18	6.3%
总　计	2.86	100.0%

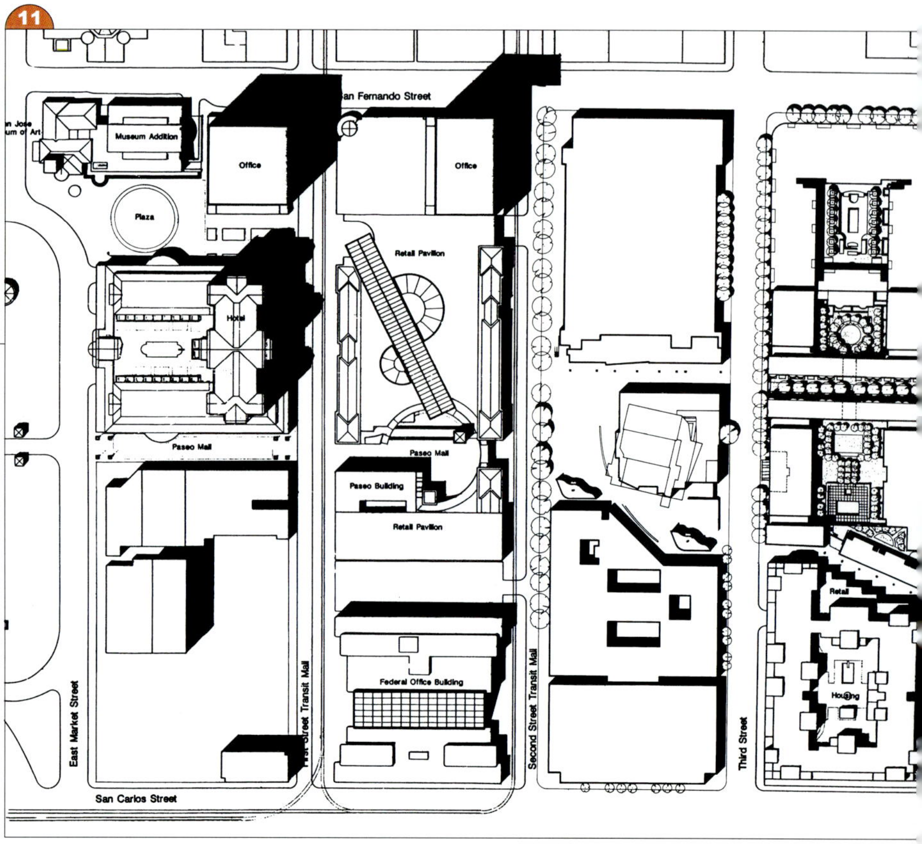

图 11
圣何塞市中心城市网络中的漫步广场发挥着自身的作用。

开发费用（美元）

	总计	**单元成本**	**居住成本／ft²**
土地征集费用	无	无	无
建造费用	32000000	152381	125
总成本	32000000	152381	125

单元指标

住宅类型	**建筑面积（ft²）**	**数量**	**最终售价（美元）**
单卧单卫套房	847～1125	45	164900～209900
双卧单卫套房	1384～1483	97	220900～319900
双卧双卫 Townhouse	1316～1773	60	264900～379900
三卧双卫 Townhouse	1860～2189	8	359900～499900
总　计		210	

注 $1ft^2=9.29\times10^{-2}m^2$。

棉纺织厂

新奥尔良，路易斯安那

1882年时，安布鲁斯·A．马金尼斯和森斯（Ambrose A.Maginnis and Sons）开始建造位于新奥尔良货栈区（Warehouse District of New Ovleans）的一家大型纺织厂。在此之前，该用地的历史可追溯到1765年，当时它是一系列的种植园。1884年工厂全部建成，直至1944年停业前它一直是南部最大的纺织厂。在1996年HRI集团购买它以前，工厂除了一个小纺织厂出租外一直处于闲置状态。

后来，它被修复并改建成269个出租公寓，并在原有屋顶结构上加建的18套住户自有住宅。这个巨大的改造项目是新奥尔良货栈区同类项目中最大的，也是美国此类项目中最大的之一。它的存在犹如一支强心剂，给邻近新奥尔良商业区正在形成的货栈艺术区带来活力和生机。

总面积为32.3万 ft^2（30007.7m^2）的棉纺织厂项目，实际上是由6栋三层和四层的建筑物组成，环绕着用地并围合着1.5 acre（6070.3m^2）的内院。原来的建筑采用了外部为承重砖墙和内部为粗大的木梁柱系统的传统方法。外墙巨大的柏木上下推拉窗宽5ft（1.5m），高12ft（3.7m），窗有韵律地嵌在成为厚重外立面上。

除原建筑的主体结构之外，还有一些主体建筑旁的小建筑。最初位于庭院中。这些小建筑中的一部分，包括变电室和过街天桥等被拆除，从而使内院变得开敞并为内院的建筑主面带来了自然采光。拆除留下的空间内设置了一个游泳池、一个用废弃的地板金属框架建造的凉亭和在变电室基础上抬起的混凝土“舞台”。在2.5万 ft^2（2322.6m^2）的开敞空间内，保留下来的一部分原始砖墙也被用作创造出更私密的小院子和空间。

一些次要结构被拆除的同时，另一些有棉纺织

1

注 本实例研究的图片由HRI集团提供。

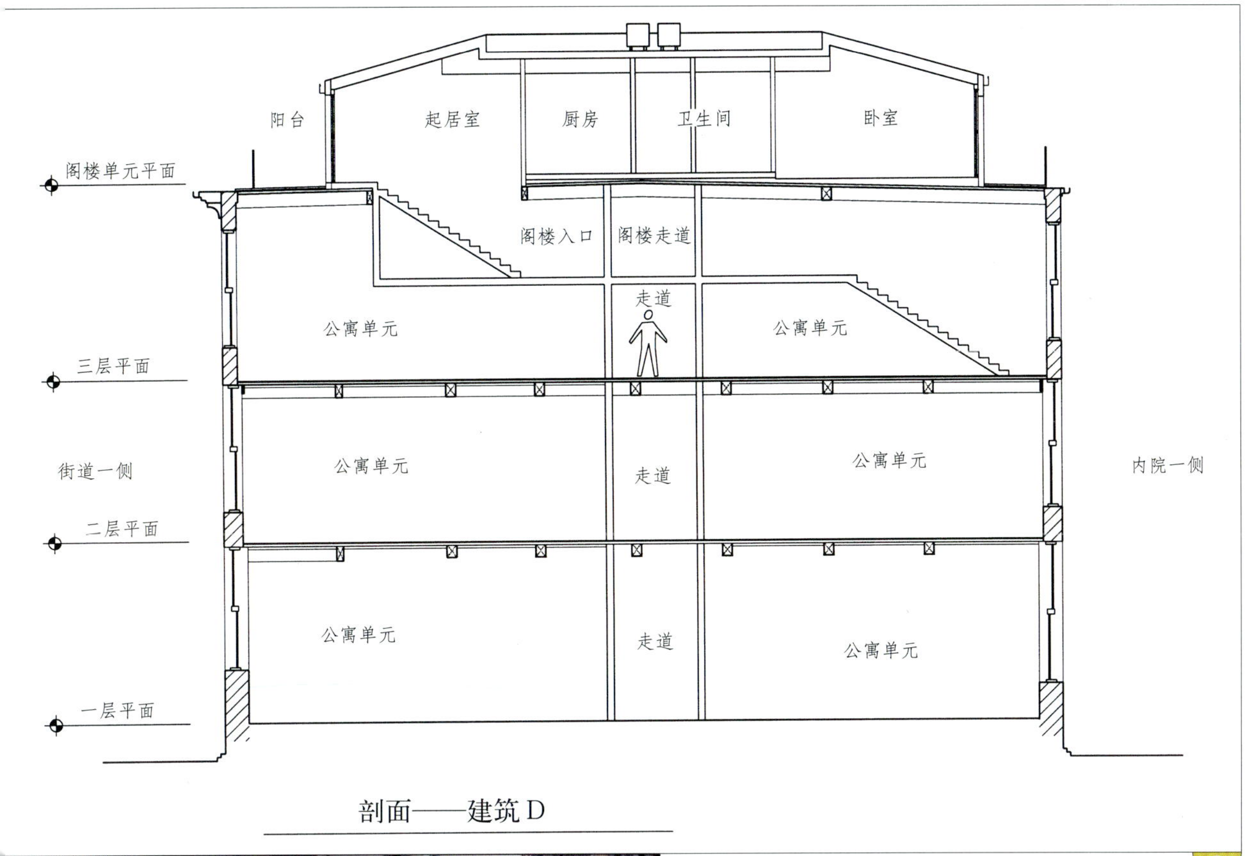

图 1
建于1882年曾是南部最大纺织厂的建筑被改建成了269套出租公寓和18套住户自有住宅。

图 2
建筑剖面显示住宅单元的多样性。有些是两层高，有些是错层的或Loft单元。

图 3
建筑室内混合着新旧两种材料。

图 4
底层平面。

图 5
工业设备和材料被用于创作雕塑，现在已遍布整个项目。

图 6
建筑原来的结构被尽可能保留下来，柏木框的窗扇被取下清洗并重新安装，木地板也被尽可能保留。

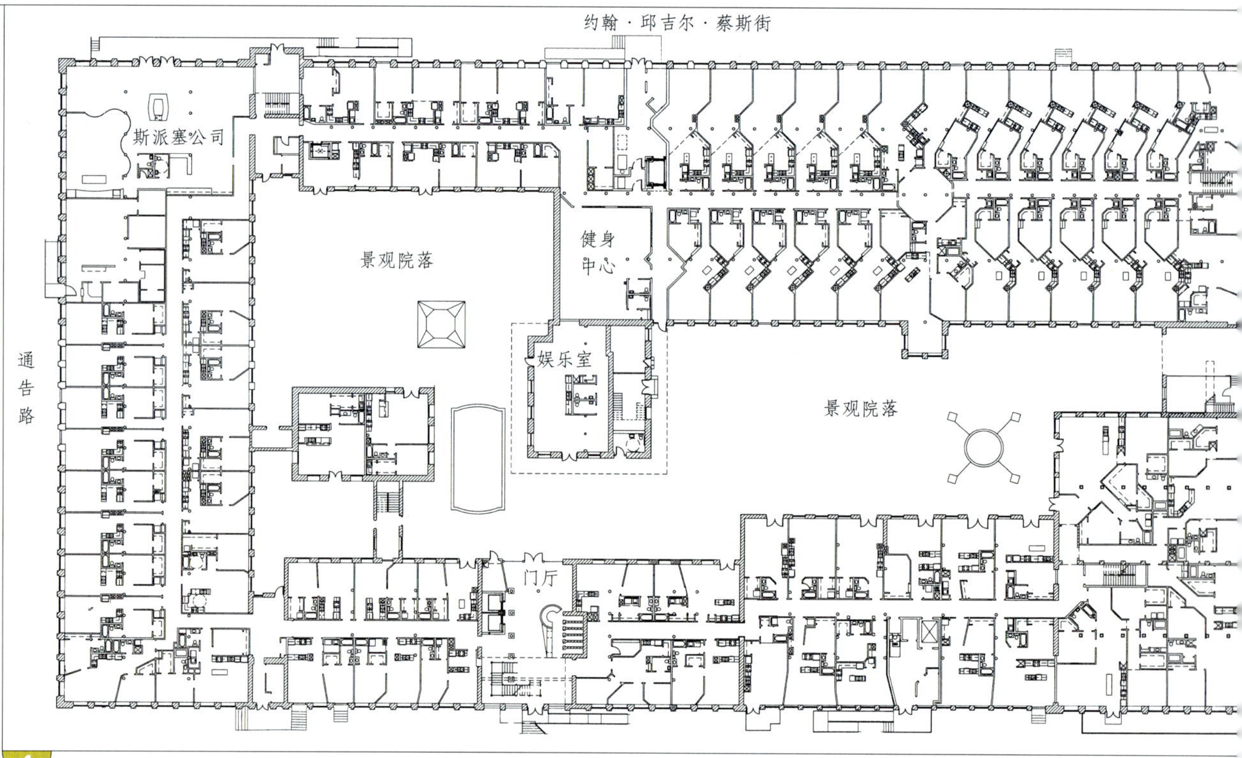

4

厂历史标识的结构被保留了下来。其中最大的是水塔，它被去掉了原来的铅涂料，刷上棉纺织厂的名字，在数里外都可见到。除了作为标志外，它还被当地一家电信公司租借用作电信发射站，实现了它的市场价值。同样被保留的还有钟塔以及 120ft（36.6m）高的砌砖锅炉烟囱也被保留下来。

HRI将他们文化保护哲学向前推进了一步，倡议对基地进行考古学研究并建立“废品／实物艺术创新”机构，当地艺术家保罗·福勒（Paul Fowler）把棉纺织厂留下的一些设施——老锅炉管道、暖气管等类似的物品——转变成了场地雕塑。

棉纺织厂的修复工作还包括清洁和修理大量的砖墙。建筑的内外砖墙都进行了压力清洗，室内还使用了水压控制系统来避免伤及木地板。大多数室内砖墙保留了已有百年历史的粉刷，有些已脱落，并且大多数是铅基油漆，这是一种现在被认为较危险的材料。压力清洗用来去除不牢固的粉刷，而附着牢固的部分，不论是否美观都保留下来作为对工

5

厂过去工业化的印证。按照联邦住宅及城市发展部(Department of Housing and Urban Derelopment，HUD)的要求，所有铅基油漆必须重新用一种特殊密封铅的油漆刷至地板以上48in(1.2m)。最后按照HRI的意图，棉纺织厂辉煌的历史被完全保留，成为吸引承租公寓的城市年轻人的特征。

6

7

按照美国国家公园管理局(National Park Service)对历史保护的要求，原来的1200余个柏木窗被重新安装并再次使用。巨大的窗户从窗框中取出并送至国外进行化学去漆，用地内还建造了一座有9个工作站的车间来修理并安装这些被去漆后的窗户。大多数窗户的上部窗扇固定于原位并封闭以节约能源，并减少租户的费用，而下部窗扇可开启。去漆的窗户在室内未做油漆处理。

同样清除旧漆的地板多数也保留了下来。原来室内的物品被移空后，木地板被磨光并涂上保护性的聚氨酯。在地板无法保留的地方，被补以胶合板条或彩色混凝土板。虽然胶合板是地板面层中的下层材料，但最终还是决定将胶合板饰以清漆作为成品地板，以体现该建筑的工业氛围。

顶层的住宅自有公寓是个额外的挑战。虽然原结构的承载能力允许不加固基础而直接加建，但它仍需要梁柱局部加固并增加建支承梁。但更大的问题是，如何在设计和历史保护的约束下将新的加建结合到老建筑中，以及如何遮蔽必须放在屋顶上的空调机组。

这些问题都超过了美学范畴。历史课税扣除——该项目资金的关键的批准，要视州历史保护办公室和国家公园管理局的批复而定。为使屋顶加建获得批准，开发商经过数月的设计和位置研究，甚至包括在屋顶上搭建的与实物大小相同的模型。其中一个相关的问题就是住户自有公寓单元的立面材料，最终选择的是铝板。砖墙未获国家公园管理局的批准，因为砖材需要模仿工厂历史原貌，而粉刷太贵并且不易保持。隐藏空调机组的方法是将其放在公寓屋顶体量内一个特殊空间中，并用数英寸厚的隔声混凝土板与公寓分开。

因为这个项目规模较大，公寓的修复和建造被分阶段实施，最初是按照主体建筑的防火分区将项目划分成了两个阶段。正如HCI建造与设计公司(CHRI住宅设计建造分公司)主席加里·梅多斯(Gary Meadows)解释道，分阶段实施“就像通用公司的

9

8

图7、图8

内部庭院经过修复，成为一个有游泳池的景观区域。原有的水塔和烟囱被保留下来。

图9

原来的砖墙和木梁经过改造，更具工业特征，诸如混凝土地板、钢楼梯和新暴露的管道这些元素进一步强化了工业特色。

生产流水线，每一个专业的人群都在建筑中穿梭着。”最终，基于市场对公寓的显而易见的需求，项目被划分成三个阶段，这样，一部分建筑可以比原计划更早入住。项目开工12个月后第一批租房者得以入住，到第18个月时，除一些屋顶公寓工程外其他全部完工。

项目的工作在6个不同建筑——每个都有自己的地坪构造——的包围下展开，设计受到一定的约束，为适应这些不同的建筑，需要超过30种不同单元平面。大多数公寓单元有奢侈的12ft（3.7m）层高，有些顶层单元的层高达20ft（6.1m）。为进一步强化棉纺织厂的历史风格，工厂粗大的木柱没有被隔墙遮蔽，而是直接暴露于公寓和走廊里。同样，木质梁和金属连接杆件也暴露在外，既经济又有视觉效果。

为保持开敞感，有些室内隔墙仅8ft（2.4m）高。大多数厨房朝向邻近的空间敞开，所有单元都有两两相连或垂直关系的洗衣／干洗间。每个单元有两条电话线，并有宽带接入因特网的CAT5电缆以及有线电视线。

该项目的娱乐设施包括水池、庭院、娱乐室和1500ft^2（139.4m^2）的健身中心。主入口门厅还有一个全天候的门房。

斯派塞公司（Spice，Inc.）占用了建筑底层的一角，它是由新奥尔良首屈一指的厨师苏珊·斯派塞

图 10
最终的改造的建筑中保留了许多原有结构。

图 11
在众多工业建筑再利用的项目中，棉纺织厂的层高的确很奢侈，它有 12～20ft（3.7～6.1m）高。

图 12
项目中主要的一处令人愉快的场所是斯派塞公司及其美食和外卖店，它同样保持着工业建筑的特点。

（Susan Spicer）管理和经营的美食和外卖店，斯派塞公司还现场教授烹饪课，按HRI副主席和项目经理汤姆·克拉姆利（Tom Crumley）的说法："对租房者来说这是一件令人高兴的事，它就像游泳池和健身中心一样有市场价值，并使该区域更适宜居住。"

顶部的住户自有公寓平均面积为1600ft^2（148.6m^2），单排布置，因而公寓都有两个方向的全景景观。这该项目是合作开发，HRI是主要开发商，还有AmerUs信托人身保险公司作为阶段性的合作伙伴，负责课税扣除。AmerUs通过购买该项目的历史建筑课税扣除提供了650万美元净资金，同时还包括了主立面修复权捐款产生的课税扣除。HRI提供净资金300万美元，其余3220万美元的开发费用由一个通过HUD的221（d）4贷款计划保证的优先抵押权获得，抵押被像金尼·梅（Ginnie Mae）证券这样的养老基金购买。

12

棉纺织厂修复工程显然触动了新奥尔良。当地媒体广泛报道了修复进程、考古发掘以及艺术创新活动，这个工程甚至上了《新奥尔良》杂志的封面。由于媒体的报道和它带来的社会反响，项目的出租速度比预期计划快了1倍，12个月内出租率已达95%，平均每个月出租20套。伴随快速的出租，租金也较原计划上涨了7%。住户自有公寓销售速度虽不快，但也在预期范围之内。基本售价从23.5万～38.4万美元不等的18套住宅中的14套在1999年4月前售出，平均每月2套，基本售价也比原预算高出约10%。

该项目选择了一个经济价值较少的建筑——它的闲置和衰败曾被认为造成了旧城区的支离破碎——并用它重新塑造邻里关系。它不仅保护新奥尔良的历史片断，更在整个改造过程中强化了邻里关系。更特别的是，原来建筑的工业特征对新奥尔良年轻居民来说充满了吸引力，开发商也有意识地努力在修复过程中保持了这种美学效果。由HRI开创和发起的废物/实物艺术创新，促进了这种美学效果，同时也架起了与新奥尔良艺术社区之间的桥梁，并成为货栈区复苏的先驱。

些公寓可由一个夹层进入，这是HRI在厂房原有的20ft（6.1m）高的顶层中新增加的。单元内采用了硬木地板和花岗岩家具台面，这些选材最初是开发商为提高这部分住宅档次的，但鉴于住户们的要求，最终所有的住宅单元都采用这一标准。

实例研究

棉纺织厂

新奥尔良，路易斯安那

用地指标

总用地	2.836acre，占据整个街区
总住宅数	287
毛建筑面积	323333ft²
毛出租面积	253408ft²
总毛密度	101 户/acre
总车位	190 个基地外车位
停车率	0.66 辆/户
建成日期	1999 年 4 月 1 日

注 1acre=4046.86m²。

用地规划

	acre	百分比
住宅	1.916	68%
游憩/美化带	0.69	24% 内院
开敞空间	0.23	8% 外部绿地
总　计	2.836	100%

图 13
水塔成为棉纺织厂的识别性很强的地标，同时也带来了额外收入。一家电信公司租借其成为一个电信发射站。

开发费用（美元）

	总　计	单元成本	居住成本／ft^2
土地征集费用	3513000	12240	10.86
建设场地改善费用	500000	1742	1.55
建造费用	20358000	70933	62.96
软成本	7839000	27313	24.24
总成本	32210000	112228	99.62

单元指标

住宅类型	建筑面积（ft^2）	数目	目前租售价（美元）
经济性	639	27	722
单卧单卫	580	82	655
单卧单卫	670	35	757
单卧单卫	735	28	831
单卧单卫	939	15	1050
单卧单卫公寓	1515	2	1712
双卧单卫公寓	984	66	1112
三卧单卫公寓	1551	14	1753
屋顶住户自有住宅	1545	18	235000～384250
总　计		287	

注　$1ft^2=9.29\times10^{-2}m^2$。

实例研究

17号住宅

西雅图，华盛顿

17号住宅不像其邻居一样，但这也正是它的特点。邻近西雅图商业中心的这栋8层公寓大楼外表饰以明黄、红、蓝色的粉刷和壁板，并交替使用镀锌波纹薄金属护墙板。就像GGLO的建筑师比尔·盖洛德（Bill Gaylord）描述的那样，建筑的"边缘性"受到正在形成的西雅图艺术区的贝尔敦（Belltown）的启发，其设计倾向于吸引西雅图的年轻人和有艺术爱好的人们。

这种"非父辈式公寓"的观念同延续到了97套住宅的室内。其中16套是Loft设计，这对于旧金山和其他大城市很平常，但在西雅图却比较新颖。正如开发商哈伯地产公司（Harbor Properties）项目经理蒂姆·埃布尔（Tim Abell）说的："从来没有人愿意租住有混凝土楼板的住宅。"由当地艺术家凯文·斯皮策（Kevin Spitzer）创作的金属艺术作品沿

注 本实例研究的图片由爱德华多·考尔德伦（Eduardo Calderon）提供。

1

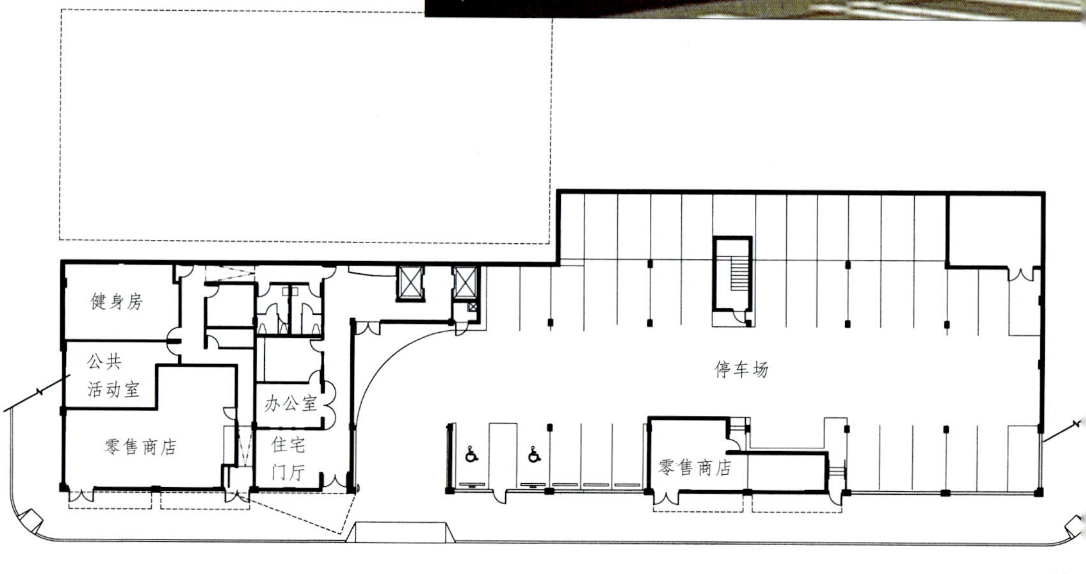

底层立面展开，如同屋顶标志一样完成了其美学特征，与这个货栈／艺术家街区产生强烈的共鸣。

17号住宅建于一块0.5acre（2023.4m²）的斜坡用地上，靠近一个高速公路护坡和各种类型的老工业建筑与新住宅建筑。该项目建在了一个3层的车库之上，并围合在一起，因为这种组合关系，住宅可以从车库的任何层进入。

8层楼的建筑（6层加底层和夹层）可以看作是建在3层高台基上的一些小建筑的组合。一家咖啡店巧妙地与底层公寓入口相邻。增加的店前空间点缀着主要立面，停车场两边是由艺术家设计的格栅。混凝土台基的其余部分是2层楼高的Loft，巨大的方形的落地窗朝向街道。台基的屋顶上有一隐蔽的内院，被几组5层木框架公寓楼包围着。

建筑多样的体量划分同时有着平凡的和诗意的根源。首先，这是对房屋外围分区的要求的回应：每125ft（38.1m）长的墙体就应有25ft（7.6m）的视觉走道。而具有隐喻意义的是，设计师将这种分区要求作为创造“村庄”的手段：一组立面看来就像从用地上一个接一个地生长出来一样，与城市有机

2

3

图1
一层平面

图2、图3
17号住宅是建在3层混凝土基座上的5层木框架建筑。基座部分有门厅、商店、停车场和两层的Loft。多种材料、色彩和形式将长方形体量分解成小体块，从而形成了丰富的色调，吸引着该项目的市场目标——年轻人。

成长相仿。最后，立面被分解成一系列突前、凹入的色块，并由阳台和凸洞调节着。

工业美学在Loft的室内被着重强调。机械管道和垂直的管子暴露于走廊和公寓单元内部。地面为素混凝土；门、木工活和橱柜采用了清漆罩面的MDF（中密度纤维板）——已经油漆的半成品木材。门框是由刷过清漆的生铁制成，楼梯和栏杆采用了镀锌钢和多孔钢板。家居设备是纯黑色，厨房吧台则采用镶嵌再生玻璃碎片的水磨石。

该项目的其余部分——工作室和有1～2个卧室的单元——虽然只比浅褐色浅一点，但却少了一些粗犷之风。公寓单元铺地毯，有标准的清水楼板天花。有的采用了类似Loft的作法，也使用了MDF的细部处理。

17号住宅单元混合了一些使人感兴趣的小户型单元，目的是让目标市场的年轻人有能力支付。其中有1/3单元是工作室[580～650ft^2（53.9～60.4m^2）]，其余的1/3是单卧公寓[600～650ft^2(55.7～60.4m^2)]。Loft的面积变化较大，为720～990ft^2(66.9～92.0m^2)不等。整个项目中的97套中有16套为双卧，面积为1050～1200ft^2（97.65～111.6m^2）。

商住Loft单元的层高为17ft（5.2m），其他公寓的层高为8ft（2.4m）。每套公寓除了常用的厨房设施外，都有洗衣机和干衣机，另外还有满足住户工作和生活需要的高科技设施，包括可高速接入英特网的CAT5电缆。10%的住宅有齐全的残障人设施，其余的也能改造。这个项目令人愉快的亮点还包括位于第四层的内院，以及第七层屋顶的平台。底层入口门厅附近设有一个公共活动室和一个健身房。

4

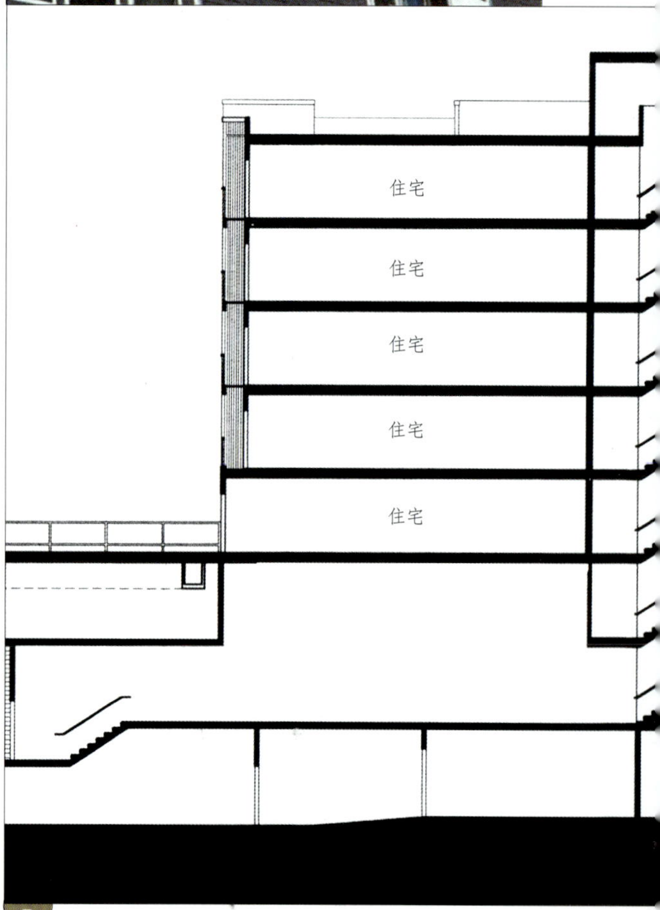

5

该项目的用地呈L形，大多数单元沿走道单向布置。停车层上方的走道大部分是没有严格限定的室

图 4
大胆的色彩表明了设计意图。

图 5
建筑剖面

图 6
Loft单元显示出工业美学的特征：混凝土楼板、裸露的管道、镀锌钢管楼梯和扶手。厨房装备了清漆罩面的中密度纤维板柜子、黑色家居设备和水磨石台面。

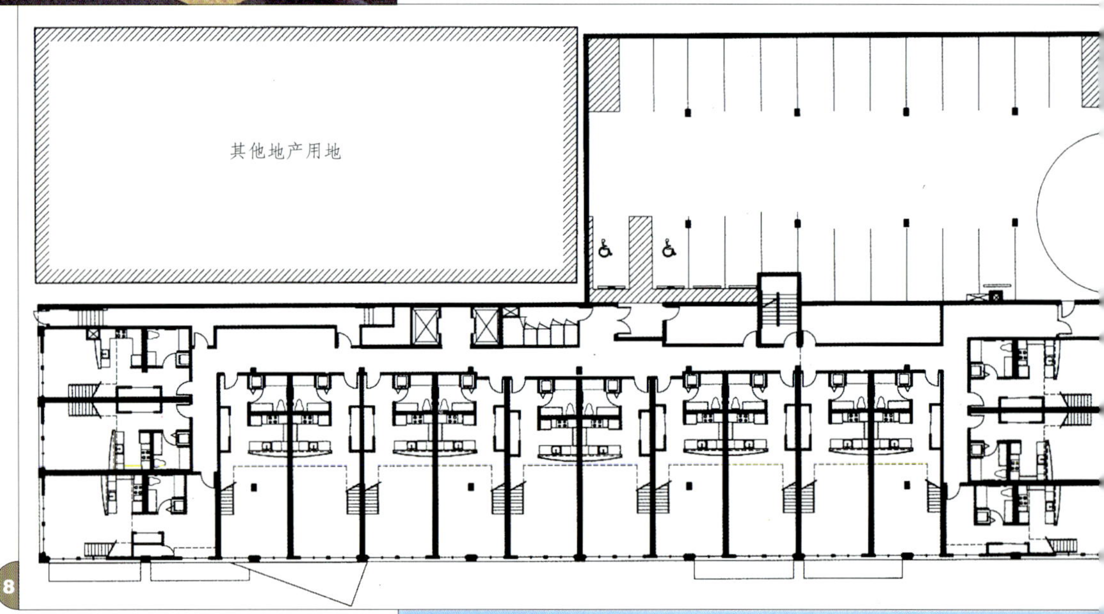

图 7
门厅的工业材料图案和色调多为暖色。

图 8
二层平面

图 9
从内部庭院看建筑。

图 10
由艺术家设计的金属栏杆遮住了车库，图案是建筑总平面和方位图。

外空间，环绕着院落。虽然西雅图天气有时不太好，但开敞走道使项目无需再进行消防分区，这样有窗的卧室就可以安置在走道边。

17号住宅大约用了13个月建成，最大的困难是用足够粗的木料来建造上部5层的木框架。按照哈伯地产公司开发商蒂姆·埃布尔的说法，市场销售几乎从建造的第一天就开始了。从附近高速公路护坡上可以看到这个建筑，这对销售效果起到了很重要的作用。项目的销售市场可以清晰地看到，正如项目宣传册所说："新颖的Lotf和公寓"。

该项目自开盘后80%的单元已出租，仅3个月后就全部租完。埃布尔回顾这段经历，坦称由于没有对这种相对粗糙的Loft的经验，因而感到了一些"紧张不安"，但商住单元已证明被普遍接受了。他说："需求的，不仅仅是粉刷过的房屋。"总之，该项目需求最多的集中在最经济的单元（位于底层）和最佳景观的高级公寓（顶层）。

由于17号住宅极为成功，因此哈伯地产公司正在着手一项街对面与之配套的建筑开发。基于市场对17号住宅建筑"姿态"的反馈，埃布尔说，新建筑"将更加明晰和大胆"，并且将有更多粗犷的空间和更多色彩。但根据第一阶段经验反馈，新建筑中将有较少的大面积单元。

开发商将建筑物向周围社区开放的决定——包括底层商业用房和艺术家设计的街道设施——被证明是成功的。埃布尔认为该项目可以容纳更多的商业空间。他在这个项目将要开始的新的一个阶段中，计划提供更多的底层商业用房，这对两个阶段的建筑都有好处。

9

10

实例研究

17号住宅

西雅图，华盛顿

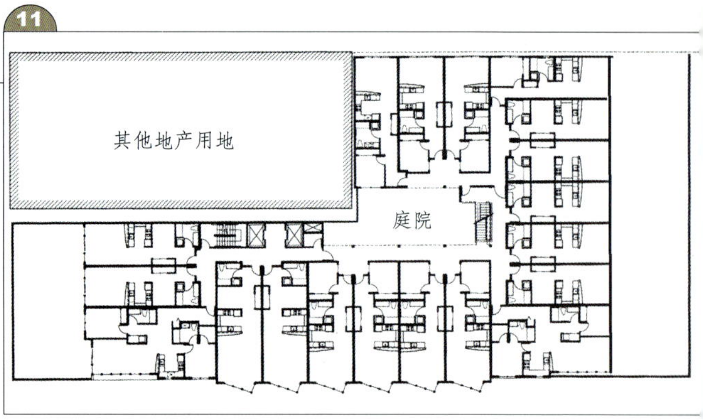

用地指标

总用地	0.5acre
总住宅数	97
总毛密度	194户／acre
住宅类型	出租公寓
居住毛密度	202户／acre
总车位	83辆
停车率	0.86辆／户
建成时间	1998年9月（第一阶段）

注 1acre=4046.86m^2。

用地规划

	acre	百分比
住宅	0.48❶	96%❶
开敞空间	0.02	4%
总计	0.50	100%

❶包括停车和游憩空间。

12

开发费用（美元）

	总计	单元成本	居住成本／单元 ft^2
土地征集费用	1600000❶	16495	16.32
建设场地改善费用	无	无	无
建造费用	6400000	65979	65.29
软成本	2500000	25773	25.50
总成本	10500000	108247	107.11

❶估价。

13

14

单元指标

住宅类型	建筑面积（ft^2）	数量	目前租金（美元）
艺术家公寓	720～990	16	1200～1600
工作室	580～650	35	800～1200
单卧	600～650	30	800～1200
双卧	1050～1200	16	1650～1700
总计		97	

注 $1ft^2=9.29\times10^{-2}m^2$。

图 11
四层看到的内院。

图 12
内院既是交通枢纽也是住户们的私人室外空间。外部通道可以通向某些单元。

图 13
细部。

图 14
底层沿街商店有波浪形铝质雨篷。

实例研究

交易所大厦

纽约，纽约

交易所大厦（Exchange）是一栋21层的高层建筑，坐落在下曼哈顿摩天楼低谷中，距纽约证交所（New York Stock Exchange）南边一个街区的地方。建于1899年的大厦原来是一座办公大楼，外观为意大利风格，是纽约市最早的钢框架摩天楼。然而，经过一个世纪的使用后，对大厦过时的办公空间的需求已很少，1996年大厦内部被拆毁并被改造成为345个出租公寓。

20世纪90年代早期，美国经济处于衰退中，华尔街正经历着严重的衰落。到1994年，位于金融区内的办公用房空置率高达30%，留下大约2500万ft^2（2322575m^2）空房。其中大多数像交易所大厦一样已经过时，即便是对办公楼的需求在增长，它们也需要进行大量的修缮以吸引新的租房者，然而，在这些办公楼过剩的同时，整个城市范围内住宅的闲置却持续低落，租金平均每月2.5美元／ft^2。

1996年当华尔街还处于明显快速的衰落时期，纽约市已制订了下曼哈顿复苏计划，其中包括一项税务激励一揽子计划，以鼓励在金融区进行住宅改造，这对该市来说是少有先例。在复苏计划中，政府、自然资源保护者、开发商都朝向一个共同的目标：阻止金融区及其建筑遗产的衰落。由三方共同认可的解决方案，目的在于鼓励该区的住宅开发，创造更具综合用途、全天候的社区。

注 本实例研究的图片由Crescent Heights开发公司提供。

复苏计划中的税务计划包括了免除地产税和为改造非居住性建筑为住宅的相关减税。像交易所大厦这样的建筑，上述计划免除了该项目改造后第一个9年内由估价增长产生的地产税，此后4年内逐渐减少优惠幅度。此外，已有的估价应征税起点将从地产税中免去10年，同样在此后的4 年内逐步减少优惠。

除了税收奖励外，该市还采取了其他措施以促进房地产开发，包括取消分区限制这种妨碍住宅改造的方式，并形成纽约商业区同盟，一种商业／政府的合作管理着商业改造区事务。该市还力图改进公共服务，如街道清洁和垃圾处理等。

开发商克雷桑·海兹（Crescent Heights）在1994年10月城市税收激励机制出台以前购买了这个25号大街著名的证交所。当时10美元／ft^2的价格显得这栋楼很不值钱，正如Crescent Heights公司的布鲁斯·梅宁（Bruce Menin）所说：“对这个价格来说，哪怕作为仓库也是一种经济可行的用途。”然而，一旦税收计划实行，将它改造成出租住宅就是再好不过的用途了。税收鼓励政策也使贷款方完全不同以往，他们最初不愿意为先锋式的未经尝试的冒险行

1

图 1、图 2
过去的工匠式风格保存了下来，位于下曼哈顿21街区的这栋建筑已成为有 345 套多用途出租公寓。

3
起居室／餐厅
卧室
主卧室
起居室
卧室
卧室
起居室
卧室
起居室
起居室
卧室
卧室
起居室
起居室
卧室
主卧室
卧室
起居室
卧室
起居室
／餐厅
起居室／餐厅
主卧室
主卧室
起居室
卧室
起居室
／餐厅
卧室
2 居室
卧室
主卧室
起居室
／餐厅
起居室
／餐厅
1 居室
洗衣间
2 居室
起居室
／餐厅
卧室
卧室
2 居室
起居室
／餐厅
卧室
卧室
3
居
室
主卧室
卧室
起居室
／餐厅
出租商业空间
门厅
出租商业空间
内街
出租商业空间

图 3
标准层平面。左下角为街道层平面。

图 4
下部修整一新的窗户在雕刻的石灰石花饰的映衬下更显优美。上层窗户被式样相同但更节能的新窗扇替代。

4

为贷款。开发商为此寻找资金长达18个月之久，直到税收政策出台，波士顿第一中央信贷（CS First Boston）同意贷款这个项目，这也是许多年来金融区中第一个大规模建设贷款。

由克林顿和罗素建筑公司（Clinton & Russell）设计的25街区建筑是当时纽约最有价值的建筑。繁复的石灰石花饰和其他古典细部装饰着意大利风格的庄严的立面，有凹槽的高大柱子位于建筑主入口。

建筑绝大部分原来的外部特征在修复中被保存了下来。对建筑外表面石材部分进行了清洗，并修复了底部四层的窗户，四层以上则更换成外观相似但更节能的窗扇。

装饰华丽的经历了一个世纪的大厅被修复一新。原来的花岗岩地面、深色木嵌板和镀金科林斯柱头的大理石壁柱表现出丰富的场景——为建筑上部的住宅服务的华美形象。大厅里的大理石两部楼梯将参观者由入口门厅引至二层的出租办公室。

上部楼层的内部全部被拆除并加以重建，每层设计有16套住宅单元，全部安装了新的电气管道设施和暖通空调设备。同时，还安装有新的远程通信系统，可提供宽带至每个单元，且全楼设有局域网。17部老电梯中的12部被移走以扩增楼层面积，剩下的5部用红木嵌板重新装饰，按现行规范要求还另外增建了两部新的消防楼梯。

由于原来办公楼进深较大，因而公共区域和住宅内部空间都十分宽敞。公共区域中从窗至内核有较大的距离，因而可以容纳宽敞的走道、大尺寸的电梯厅、充足的储藏空间和每层楼都有的洗衣房（三卧单元设有单独的洗衣／干洗空间）。项目中典型的单卧单元的面积为800ft^2（74.3m^2），而市场上同类单元的面积只有650ft^2（60.4m^2）。盥洗室也非常地宽大，大多数有两个洗涤池。折叠门可以将浴缸与盥洗部分隔开，成为为客人准备的妇女盥洗室。多数单元有进入式衣橱。项目中的单元一般天花板高10ft（3.0m），有的地方达16ft（4.9m）高。

正如交易所改造建筑师科斯塔斯·孔季利斯（Costas Kondylis）说的那样，"空间是这些住宅最奢侈之所在。"此外，大进深和高层高也将需求变成了优势。在景致缺乏的华尔街低谷地带和缺少商业与服务设施的地区，空间是开发商克雷桑·海兹不得不提供的最富吸引力的特点，也是其难得的。为了与宽大的空间协调，开发商提供的色彩丰富的住宅全部内装修，包括从拼花木地板到高高的木踢脚线条及凸起的拼木门。

交易所大厦的运作原则就是提供高档酒店般的服务和舒适的生活。大厦安排了包括侍应生和门房、一个门迎（高峰时两个）、两个高标准的会议室、一个大尺寸的健身房、音像出租店和屋顶日光浴空间。开发商梅宁说，作为较早的开发项目，为了将住户引入这个新近开发的社区，它必须在竞争中显出优

5

势。而作为一个已逐步建立的社区，为与市场中的新项目竞争，提供一流的服务依然十分重要。

从这点看，建筑中的3个商业空间具有重要的战略意义。一个将成为超大规模的市场、咖啡馆和饭店。第二个位于地下室（从街道可直接进入），有7500ft^2（696.8m^2），最初是一个有拱顶的储藏室，将改造成一个餐饮空间和休闲室，而拱顶将被保留，作为设计中的独特元素。计划中的第三个商业空间包括一个豪华温泉浴，为该项和周围社区提供舒适的设施。

该建筑没有提供停车场，按照建筑师孔季利斯的说法，对交通舒适的纽约人来说这不是重要的障碍。这座城市只有大约20%的人有车，停车可以到附近的收费停车场解决。

开发商对该项目的市场定位是工作在金融区的单身和空巢家庭，然而，实际上只有一半住户属于这个范围。开发商的报告中入住该项目的家庭数目令人吃惊，这些家庭之所以选择这里是因为这里的单元面积大，而与住宅区中同样质量的住宅相比价格也能承受。该项目因为它的历史建筑特征和城市生活方式也吸引了与目标市场截然不同的经常来往于两地的住户。

从项目全部被出租的1997年至今，交易所大厦一直保持着几近100%的出租率。除了通行的报纸促销外几乎无需广告。它是曼哈顿少数可出租的公寓建筑，这就是它100%的出租率及不受租金管理制约的原因。

从这一点来说，金融区仍处于转变之中。自交易所大厦的完工后，又有少数办公楼也已被改造成居住建筑——尽管能被改造的办公用房的价格已经上涨，并且对办公室的需求也在缓慢回升。在与住宅开发协调发展中，新的商业和服务领域也已萌芽——然而如同住宅改造一样，新的商业领域还不成气候。但金融区的面貌正在逐步改变，不断有新的饭店和服务商店开张，这对该区和该市的未来都是令人欣喜的迹象。

6

图 5

主入口两侧的一对新古典主义大理石楼梯将参观者带至二层的出租办公室。

图 6

老建筑仿佛是埋藏的宝藏，一旦拂去灰尘就显露出奢华和富足。该项目的门厅里，原有的大理石、花岗岩、红木和镀金材料都给人以富丽堂皇的感受。

实例研究

交易所大厦

纽约，纽约

用地指标

总用地	0.57acre
总住宅数	345
总毛密度	605 户 / acre
住宅类型	出租公寓
总车位	无
建成时间	1998 年 1 月

注 1acre=4046.86m^2。

单元指标

住宅类型	**建筑面积（ft^2）**	**数量**	**目前租金（美元）**
工作室	735～922	2	2000～3100
单卧	683～1042	177	2000～4200
双卧	927～1533	145	2500～4500
三卧	2554～2931	21	4800～10000
总计		345	

注 1ft^2=9.29 × $10^{-2}m^2$。

WALL
NEW YORK
STOCK EXCHANGE
SUBWAY
ST.
MORGAN GUARANTY TRUST CO. OF N.Y.
BANK
ATLANTIC BLDG.
EXCHANGE
BROAD EXCHANGE BLDG.
LORDS COURT BLDG.
30 BROAD ST. BLDG.
40 BROAD ST.
BANK OF AMERICA
AM. BUREAU OF SHIPPING
BROAD
RADIO CORP. OF AMERICA
TELEPHONE
GARAGE
WILLIAM
FIRST NATIONAL CITY
SEAMEN'S BANK FOR SAVINGS
BANK OF LONDON & SOUTH AM. LTD.
SUBWAY STA.
BANK OF N.Y. & 5TH AVE. BANK
KUHN, LOEB & CO
NEW
7

图 7
用地位置地图

总汇表

项目名称	地点	住宅类型①		
		SFD	2–4/TH	MF
米德尔顿山庄	米德尔顿，威斯康星	●	●	●
安布利思	米尔克米克，华盛顿		●	
哈伯城	孟菲斯，田纳西	●	●	●
奥伦克站社区	希尔斯伯勒，俄勒冈	●	●	●
克劳福德广场	匹兹堡，宾夕法尼亚	●	●	●
林肯花园之舞	芝加哥，伊利诺伊		●	
默特罗老人公寓和城市花园	福斯特城，加利福尼亚		●	●
艾迪生花园	艾迪生，得克萨斯		●	●
东方货栈	旧金山，加利福尼亚			●
宫廷山庄	阿灵顿，弗吉尼亚		●	●
漫步广场	圣何塞，加利福尼亚		●	●
棉纺织厂	新奥尔良，路易斯安那			●
17 号住宅	西雅图，华盛顿			●
交易所大厦	纽约，纽约			●

① SFD 为独立式独户住宅；2～4/TH 为 2～4 层单元结构和 Townhouse；MF 为多户住宅。
②总住宅单元数除以项目总用地面积。
③总住宅单元数除以居住面积加道路、停车面积。
④低层为 1～3 层；多层为 4～6 层；高层为 7 层以上。
⑤ S 为出售住宅；R 为出租住宅。
⑥目前建成数。

宅数	总用地	密度		建筑类型[4]			保有条件[5]
		总毛密度[2]	居住毛密度[3]	低层	多层	高层	
635	160.0	4.0	6.3	●			S+R
88	15.2	5.8	7.6	●			S
875	135.0	6.5	9.6	●			S+R
446[6]	61.2	7.3	10.8	●			S+R
426	24.0	17.8	18.4	●			S+R 资助
154	7.0	21.7	23.6		●		S
102	3.6	28.0	44.3	●	●		S+R 资助
3000	80.0	37.5	54.6		●		R
66	1.5	44.4	63.5		●		S
202	4.6	43.9	69.7	●	●		S
210	2.9	73.4	137.3		●		R
287	2.8	101.0	149.8		●		R+S
97	0.5	194.0	202.0			●	R
345	0.6	605.0	605.0			●	R

有关美国城市土地利用学会

美国城市土地利用学会（ULI）是一家由其成员支持和运作的、非盈利的教育及研究机构，其任务是为土地的使用提供有力的指导，以提高整体的环境水平。

学会发起教育计划和论坛，以鼓励在理念与经验方面进行国际交流，并为之提供教育计划与场所。学会还进行对用地倾向预测的研究，并在这些研究的基础上提出建设性的解决方法；提供咨询服务，同时出版各类有关土地使用和发展的资料。学会自1936年成立以来已拥有15000个成员，并在整个有关土地使用和发展领域内与50多个国家有合作关系。

美国城市土地利用学会会长　理查德·M.罗森

作者简介

史蒂文·法代（Steven Fader）

作为洛杉矶史蒂文·法代建筑师事务所的负责人和创始人，这位美国建筑师协会会员已经为公共部门和私人业主从事建筑创作和规划实践达20年。他的作品包括新结构形式的居住建筑，历史建筑的改造和大规模的总体规划。法代执有洛杉矶加州大学（the University of California）的建筑学硕士学位和康奈尔大学（Cornell University）城市规划硕士学位，他为ULI多种出版物撰稿，包括Urban Parks and Open Space；Value By Design；Landscape，Site Planning，and Amenities；Developing Urban Entertainment Centers；Business and Industrial Park Development Handbook.

封面摄影

卢尼·里克斯·基斯建筑师事务所（Looney Ricks Kiss Architects，Inc.）

项目组成员

拉凯利·L.莱维特

高级副总裁，主管政策和实施，出版商

盖尔·贝伦斯

副总裁，主管房地产开发实施

阿德里安娜·施米茨

主要合伙人，项目指导

南希·H.斯图尔特

项目指导，总编辑

南希·H.斯图尔特

彻里尔·A.安森

于稿编辑

贝齐·范巴斯柯克

美术指导

法思姆创意

版式设计

梅格·巴特多夫

封面设计

迪安·斯坦利·奥斯汀

出版运作副指导

卡里·安德伍德

文字处理